习惯
重于方法

晓媛 编著

煤炭工业出版社
·北京·

图书在版编目（CIP）数据

习惯重于方法／晓媛编著. –－北京：煤炭工业出版社，2019（2022.1 重印）

ISBN 978 – 7 – 5020 – 7339 – 8

Ⅰ.①习…　Ⅱ.①晓…　Ⅲ.①习惯性—能力培养—通俗读物　Ⅳ.①B842.6 – 49

中国版本图书馆 CIP 数据核字（2019）第 054832 号

习惯重于方法

编　著	晓　媛	
责任编辑	马明仁	
编　辑	郭浩亮	
封面设计	浩　天	

出版发行 煤炭工业出版社（北京市朝阳区芍药居 35 号　100029）

电　话 010 – 84657898（总编室）　010 – 84657880（读者服务部）

网　址 www.cciph.com.cn

印　刷 三河市众誉天成印务有限公司

经　销 全国新华书店

开　本 880mm×1230mm$^1/_{32}$　**印张** 7$^1/_2$　**字数** 150 千字

版　次 2019 年 7 月第 1 版　2022 年 1 月第 3 次印刷

社内编号 20180636　　　**定价** 38.80 元

前　言

　　拥有好思维，就会收获好习惯：拥有好习惯，就会收获好人生。思维是我们处理一切问题及事物的前提，注重思维的培养，对于人生和事业的成功，家庭和睦有着非常重要的作用，所以，我们在生活和工作中要时刻注意培养自己的好习惯，养成好的思考问题的方式、方法。

　　日本一名成功企业家说过："人人都想把事情做好，但把事事做好的人没有几个，不是这些人不做事，而是这些人不会做事。会做事的前提是正确的思考和正确的思维，以此来指导做事。"如此看来，正确、严谨的思维方式是正确决策和行动

的基础，而良好思维方式的形成，取决于自己工作生活中对待问题的思维习惯。

习惯是一点一滴、循环往复、无数重复的思维养成的。好的思维和习惯也是决定成败的关键。

目　录

|第二章|

良好的思维方式

|第四章|

积极的人生态度

第一章

习惯决定命运

习惯决定命运

　　良好的习惯并非是天生具有的，它完全是通过后天来培养的。好的习惯，对于你以后的人生之路是十分重要的，它可以让人的一生发生重大变化。满身恶习的人，是成不了大气候的。唯有拥有良好习惯的人，才能实现自己的目标。

　　有一条很有志气、很有抱负的小狗，它向整个家族宣布：我要去横穿撒哈拉大沙漠。所有的狗都跑来向它表示祝贺。在一片欢呼声中，这只小狗带了足够的食物和水就上路了。三天后，却突然传来了小狗不幸遇难的消息。

　　到底是什么原因，使这只很有理想的小狗死掉了呢？

食物还有很多，水也很充足。难道是遇到其他野兽的袭击了吗？但是小狗身上又没有什么明显的伤痕。大家都感到非常的疑惑。直到后来，狗家族的长者才发现了小狗死掉的秘密——它竟然是被尿憋死的。之所以被尿憋死，是因为狗天生有一个习惯——一定要在树干旁撒尿。但是在一望无际的大沙漠中哪里会有树啊，所以这只可怜的小狗一直憋了三天，最终还是被憋死了。

习惯是伟大行动的指南，这只小狗为天生的习惯所困。那么我们能否从这个故事中有所启示呢？

一个人的行为方式、生活习惯是多年养成的。比如，与人交往的形式、与人沟通的方式、与人相处的模式……都是多年习惯累积慢慢形成的。孔子在《论语》中提道："性相近，习相远也。""少小若无性，习惯成自然。"意思是说，人的本性是很接近的，但由于习惯不同便相去甚远；小时候培养的品格就好像是天生就有的，长期养成的习惯就好像完全出于自然。

我想起小时候曾经读过的一首名为《钉子》的小诗：

丢失一个钉子，坏了一只蹄铁；

坏了一只蹄铁，折了一匹战马；

折了一匹战马，伤了一位骑士；

伤了一位骑士，输了一场战斗；

输了一场战斗，亡了一个国家。

在我第一次接触到这首小诗的时候，感觉诗人真的有些滑稽，一根钉子又和一个国家扯得上什么关系呢？可是直到我反复诵读这首小诗，我才逐渐理解了诗句中所蕴含的哲理：成大事必须要从小事做起，唯有从小事做起，才能养成良好的习惯，而良好的习惯又会让我们受益终身。

"贫穷是一种习惯，富有也是一种习惯；失败是一种习惯，成功也是一种习惯。"如果你重视观察和思考，那么你对此可能会有一些同感。那些所谓的"习惯"，就是人和动物对于某种刺激的"固定性反应"，这是相同的场合与反应，反复出现的结果。所以，如果一个孩子反复练习饭前洗手的话，那么这个行为，就会融入他更为广泛的行为中去，成为"爱清洁"的习惯。

习惯，是某种刺激反复出现，个体对之做出固定性的反应，久而久之形成的类似于条件反射的某种规律性活动。它包括生理和心理两方面，即能够直接观察及测量的外显活动

和间接推知的内在心路历程——意识及潜意识历程。而且，心理上的习惯，即思维定式一旦形成，则更具持久性和稳定性，在更广泛的基础上成了性格特征。

"兴趣是最好的老师"，但兴趣把我们领进门后，能够让我们继续前进的就是习惯。中央电视台曾经采访过四位诺贝尔奖获得者：朱棣文、康奈尔、霍夫特、劳夫林。在观众看来，科学家们那极富挑战性的夜以继日的工作是难以忍受的，是要付出巨大代价的。而在这四位科学家们看来，提问者的问题，不过是他们乐在其中的习以为常的工作常态罢了。

试想，一个爱睡懒觉、生活懒散又没有规律的人，他怎么约束自己勤奋工作？一个不爱阅读、不关心身外世界的人，他能有怎样的见识？一个杂乱无章、思维混乱的人，他如何去和别人合作、沟通？一个不爱独立思考、人云亦云的人，他能有多大的智慧和判断能力？可见，良好的行为习惯对成就事业有着极其重要的作用。一个人习惯于懒惰，他就会无所事事地到处溜达；一个人习惯于勤奋，他就会孜孜以求，克服一切困难，做好每一件事情。

可见，习惯是人生成败的关键。事实上，成功者与失败者之间唯一的差别就在于他们拥有不一样的习惯。就像很多

好的观念、原则，我们"知道"是一回事，但知道了是否能"做到"是另一回事。这中间必须架起一座桥梁，这座桥梁便是"习惯"。就像人类所有优点都要变成习惯才有价值，即使像"爱"这样一个永恒的主题，也必须通过不断地修炼，直到变成好的习惯，才能化为真正的行动。

为什么很多成功人士敢扬言，即使他们现在一败涂地，也能很快东山再起呢？也许就是因为习惯的力量：他们养成的某种习惯，从而锻造了他们的性格，而就是这种性格，铸就了他们的成功。

拒绝拖延

拖延是人类的一大恶习。美国哈佛大学人才学家哈里克说："世界上有93%的人都因为拖延的陋习而一事无成，这是因为拖延能杀伤人的积极性。"的确，拖延会严重挫伤我们的积极性。可能你有这样的感受，本来想去学点东西，但就是一直不愿动手，于是日子就在一天天的等待中过去，而你的热情也一点点地消逝。后来，发现自己根本就没有兴趣了。

拖延对我们的危害很大，但是我们对它的警惕性却不高。它不像毒品，因为我们都知道毒品的危害性，所以人人避之唯恐不及，因此尽管它的危害性很大，但是由于人们的

警惕，它的危害性也就仅仅局限在一定的范围内。而拖延对我们的危害不亚于毒品，它同样可以让我们意志低迷，让我们毫无斗志，但人们对它的危害性却没有充分的认识，因此它也就无孔不入了。我们的多少理想，多少梦想，多少希望，就在等待中消失殆尽。

历史上所有伟大的人物，都是与时间赛跑的能手。马克思说："我不得不利用我还能工作的每时每刻来完成我的著作。"拖延除了扼杀我们的积极性以外，没有任何的好处。假设一个艺术家，冥思苦想终于产生了灵感，而他却迟迟不肯动笔，一拖再拖，灵感往往是转瞬即逝的，如果抓不住，就会消失了，任凭你怎么后悔也没有用。假设一个将领，接到前线的作战报告却没有及时阅读以致贻误了战机，不但输掉了整个战争，甚至连自己的生命都会赔进去。当初恺撒就是这样败给华盛顿而丢掉了性命的。

要知道，过去我们没有办法挽留，将来也没有办法把握，我们能把握的只有现在。如果我们可以专心致志于现在，而不再让自己去等待，那我们必将能过得更加充实，更加幸福。

每个人都有很多憧憬，很多理想，如果我们将这一切都

付诸行动的话，我们的人生会很伟大。然而，无论你的梦想多么美好，你的理想多么伟大，你的计划多么周密，如果你不去实行，那也只能是空想。但是我们中的大多数人却很少有立即行动的习惯，"等等吧，明天也不会晚""不急，以后有空再说吧""现在好像时机还不成熟"，于是，时光就在我们的拖延、我们的等待中悄悄流逝，而我们的梦想也在等待中慢慢地枯萎。

拖延，可能会让我们失去很多。你与恋人约会，可是由于你的贪睡，结果迟到了一个多钟头，弄得她拂袖而去。有一项很重要的工作，由于你的拖延，可能延误了整个项目的开发，为此你可能会失去很大一笔订单，或者很重要的一位客户。有一个你羡慕已久的职位终于空缺了，你认为自己的机会总算来了，但没想到最后这个位子却被别人抢了去，就是因为开会你总是会比别人迟到。所以，因为拖延，我们不知要失去多少机会。

凡事拖不得。一个人的热情总会有限，拖延只会让它慢慢冷却。中国有句古话，叫作"趁热打铁"，说的就是这个道理。鲁迅先生曾在《马上日记》中写道："……然而既然答应了，总得想点法子。想来想去，觉得感想倒偶尔也有一

点的，平时接着一懒，便搁下了，忘掉了。如果马上写出，恐怕倒也是杂感一类的东西，于是乎我就决计，一想到就马上写下来，马上寄出去，算作我的划到簿。"

其实，造成我们拖延的原因无非两个：一个是我们认为手头的事不重要；另一个是事情很棘手，难以处理。如果事情真的不重要，那可以将它取消，但不要拖延；如果取消不了，那就立即去办。而对于很棘手的事情，我们每个人都从心理上去躲避它，但往往越是这样的事情，越是我们做事的关键，这时我们就必须学会迎难而上。有时只要你动手，就会发现事情远没有你所想象的那么困难。

其实，在拖延的时间里，我们完全有能力把事情做好。所以，不要再去犹豫，不要再去躲避。只要我们刻意改正，是可以克服这个毛病的。拒绝拖延，可以让你不必再受心灵的煎熬；拒绝拖延，你将会发现自己的人生不再空虚。

立即行动

中国有句古话"机不可失，时不再来"，意思是说机遇是转瞬即逝的，在它到来时一定要紧紧抓住，否则就不会再有机会了。这就要求我们要养成立即行动的习惯。

凡是成大事之人，没有一个不是善于抓住转瞬即逝的机会的，现代社会尤其如此。当今社会，通信技术高度发达，谁先抓住机会，谁就抢先一步，谁就能够成功。有人甚至说，现在社会比的不是学历，不是资本，不是社会背景，而是比一个人的眼光和行动力。你比别人更善于发现机会，比别人更早一步行动，那么你就会成功。的确，人生伟业的

建立，不在于能知，而在于能行。我们发现身边有不少的天才，他们头脑灵活，思维敏捷，处事也很圆滑，但事业上却总是徘徊不前。也许他们收入也相当不错，但是凭他们的智慧，他们原可以过得比现在更好，事业上比现在更有成就。仔细分析一下原因，可能就会发现他们性格中有败笔之处，那就是没有立即行动的习惯。无论你有多么伟大的理想，多么美好的愿望，除非你去付诸行动，否则一切都只能是空想。

如果能做，就立刻行动。这是所有成功人士的共识。

有个叫麦克的孩子，从小就有个梦想，那就是走遍美国，进行探险。他从小就喜欢运动，而且也从来就是想做就做。当他还在读小学的时候，就打算给自己买副网球拍。于是他便利用课余的时间，到周围去捡一些垃圾罐，然后再将它们卖掉，结果用了一个暑假的时间，便实现了自己的愿望。后来，他上了高中，同学中经常有些人每天都骑摩托车上下学。他见了很是羡慕，于是便打算买辆摩托车。他又利用课余时间找了三份兼职工作。后来，他利用自己打工赚来的钱买了一辆摩托车，但当时他根本就不知道怎么骑它。

他开始学习骑车，每天骑着它上下学。一有时间，他便骑着自己的摩托车四处逛。他从来没有忘记自己小时候的那个梦想，那就是走遍整个美国。

之后，他又换了几辆摩托车，并独自骑着它去阿拉斯加，征服了2000多公里布满沙尘的公路。后来，他又一个人骑车穿越了西部荒原。

在他23岁那年，他对自己的家人和朋友说要骑车穿越美国。他的父母和朋友们都不同意，认为他疯了，但是他却不想放弃，因为他觉得自己如果现在不去，以后将不会再有时间。于是他不顾众人的反对，一个人骑上车出发了。他的行装很简单，只有一点钱、一个电筒、一把防身的匕首，还有一张地图。

行程是艰苦的，他遇到了很多困难，有时要穿过荒无人烟的沙漠，有时要穿过茂密的丛林。有时好几天都见不到一个人影，只有他自己寂寞地骑着车，听着拂过耳畔的风声。有时还会遇到毒蛇猛兽，好几次他都与死神擦肩而过。那的确是一次伟大的冒险。

　　后来，他多次回想起那次经历和那些冒险。那个夏天，让他难忘，麦克觉得它在自己的心中具有举足轻重的地位。他也很庆幸自己能在那个时候实现自己的梦想，不然的话他将不会再有机会，他不可能再骑着摩托车去走访同样的山路、同样的河流、同样的森林了。因为在那次冒险之后两年里的一个晚上，他骑车回家时被一个喝醉酒的司机撞倒，导致下身瘫痪。

　　所以，每当他回忆起自己的那次探险经历，心中都会充满了感激，他感到自己非常的幸运，因为他可以在他有能力的时候实现自己的梦想。每次，他都会对周围的人说："想做，现在就做。因为你不能指望下一秒钟和现在一样能经过同样的地方，做同样的事。"

勤奋是好习惯

　　人生的许多财富，都是平凡的人们经过自己的不断努力而取得的。周而复始的日常生活，尽管有种种牵累、困难和应尽的职责、义务，但它仍能使人们获得种种最美好的人生经验。对那些执着地开辟新路的人而言，生活总会给他提供足够的努力机会和不断进步的空间。人类的幸福就在于沿着已有的道路不断开拓进取，永不停息。那些最能持之以恒、忘我工作的人往往是最成功的。

　　人们总是责怪命运的盲目性，其实命运本身远不如人那么具有盲目性。了成功的人都知道天道酬勤，财富掌握在

那些勤勤恳恳工作的人手中。人类历史的研究表明，在获得巨大财富的过程中，一些最普通的品格，如公共意识、注意力、专心致志、持之以恒等等，往往起着很大的作用。即使是盖世天才也不能小视这些品质的巨大作用，一般人就更不用说了。事实上，那些真正的天才恰恰相信常人的智慧与毅力的作用，而不相信什么天才。甚至有人把天才定义为公共意识升华的结果。约翰·弗斯特说："天才就是点燃自己的智慧之火。"；波思说："天才就是勤劳。"

俗话说"一分耕耘，一分收获"，可很多人却并不这样认为，他们总觉得自己的付出并没有带来收获，实际情况确实是这样的吗？当然不是了。事实上，有付出就一定会有收获，只是收获往往并不像字面上说的那么容易就显现出来。一分或者几分耕耘之后，人们往往并不会看到有什么收获，虽然在耕耘之后，就会有所积累，但这并不会迅速地转变为收获。于是，有些人放弃了努力。其实，只要他们能坚持下去，收获便会到来。这也就是成功和失败之间的分水岭，很多人之所以会失败，就是因为他们没有把勤奋当作一种习惯坚持下去。

韦尔奇说："勤奋就是财富，勤劳就是财富。谁能珍惜

点滴时间，就像一颗颗种子不断地从大地母亲那儿吸取营养那样，惜分惜秒，点滴积累，谁就能成就大业，铸造辉煌。"

：勤劳是最大的美德。我在看张其金写的《财富中国》的手稿时，曾看到他列出的排行榜上的100个名字，背后都蕴藏着一个故事，这些故事都演绎了这样一个哲理：辛勤耕耘，必有收获。

"勤能补拙是良训，一分辛苦一分才。"伟大的成功和辛勤的劳动是成正比的，有一分劳动就有一分收获，日积月累，从少到多，奇迹就可以创造出来。

哈默说："幸运看来只会降临到每天工作14小时，每周工作7天的那个人头上。"他是这么说的，也是这么做的，他90多岁时仍坚持每天工作十多个小时的习惯，他说："这就是成功的秘诀。"巴菲特认为，培养良好的习惯是很关键的一环。一旦养成了一种不畏劳苦、敢于拼搏、锲而不舍、坚持到底的劳动品性，则无论我们干什么事，都能在竞争中立于不败之地。

以辩才出名的罗伯特·皮尔正是由于养成了反复训练、不断实践这种看似平凡、实则伟大的品格，才成了英国参议院中杰出、辉煌的人物。当他还是一个小孩的时候，父亲就

让他尽可能地背诵一些周日训诫。当然，起先并无多大进展，但天长日久，滴水穿石，最后他能逐字逐句地背诵全部训诫内容。后来在议会中，他以其无与伦比的演讲艺术驳倒他的论敌。但几乎没有人能猜测到，他在辩论中表现出来的惊人记忆力，正是他父亲以前严格训练他的结果。

在一些简单的事情上，反复的磨炼确实会产生惊人的结果。拉小提琴入门容易，但要达到炉火纯青的地步需要花费多少的辛劳反复练习啊！有一个年轻人曾问卡笛尼学拉小提琴要多长时间，卡笛尼回答道："每天12个小时，连续坚持12年。"

查理·帕克尔，是一位爵士乐史上了不起的音乐家。他曾经在坎萨斯城被认为是最糟糕的萨克斯演奏者。在长达三年的时间里，他的境况糟透了。他甚至连一家愿为他试演的剧院都找不到。他在逆境中坚持了下来，通过每天11—15个小时的刻苦练习，三年后，他的独奏变得非常的轻盈，又充满惊异和勃勃生机。炉火纯青的技巧终于使他开创了一种前无古人、后无来者的音乐风格。

"勤奋是金。"一个芭蕾舞演员要练就一身绝技，不知道要流下多少汗水、饱尝多少苦头，一招一式都要经过难以想象的反复练习。著名芭蕾舞演员泰祺妮在准备她的夜晚演出之前，往往得接受她父亲两个小时的严训。歇下来时真是筋疲力尽！她想躺下，但又不能脱下衣服，只能用海绵擦洗一下，借以恢复精力。舞台上那灵巧如燕的舞步，往往令人心旷神怡，但这又来得何其艰难！"台上一分钟，台下十年功"，每一个成功都可以从这十个字里面找到答案，那就是勤奋。

每一点进步都来之不易，任何成功都不可能唾手可得。再远的路，只要一步步坚持走下去，终究会到达，每一个成功都是勤奋的积累。

终生学习

　　人的一生是一个逐步成长的过程。终生进行学习，是人在社会生存的最佳的选择。终生学习的充分发展，使社会向着学习型转化。终生学习的思想突出了学习者的中心位置，突出了学习与人的生命共始终。

　　孔子一生勤奋学习，到了晚年，他特别喜欢《易经》。《易经》是很晦涩的，学起来也很困难，可是孔子不怕吃苦，反复诵读，一直到弄懂为止。因为孔子所处的时代，还没有发明纸张，书是用竹简或木简写成的，把许多竹简用皮条编穿在一起，便成为了一册书。由于孔子刻苦学习，竹简

翻看的次数太多了，竟使皮条断了三次。后来，人们便据此创造出了"韦编三绝"这个成语，以传诵孔子勤奋好学的精神。社会的竞争就像一场马拉松比赛，别人都在飞奔，你自己怎么能停？所以终身学习已经成为十分迫切的需要。学习在我们年轻的时候，可以陶冶我们的性情，增长我们的知识；到我们年老时，它又给我们以安慰和勉励。

苏东坡自幼天资聪颖，在他父亲的悉心教导下，学业大有长进。小小年纪博得了"神童"的美誉。少年苏东坡在一片赞扬声中，不免飘飘然起来。他自以为阅尽天下文章，颇有点自傲。一天，他兴之所至，挥毫写下了一副对联："识遍天下字，读尽人间书。"他刚把对联贴在门前，便被一位白发老翁看到了，他深感这位小苏公子也太过狂傲了，便想给他一个教训。

过了两天，老翁手持一本书，来面见小东坡，声称自己才疏学浅，特来向小苏公子求教。小苏东坡接过那本书，翻开一看傻了眼，那上面的字他竟一个都不认识。老翁见小东坡呆立在那儿，便又恭恭敬敬地说了声："请赐教。"这下，小东坡的脸红得像一块红布一样，无奈，他只得如实告

诉老翁，他并不认识这些字。老翁听了哈哈大笑，捋着白胡子指了指那副对联，拿过书本，扭头走了。

小苏东坡望着老翁的背影，惭愧地提笔来到门前，在那副对联的上下联前各加了两个字：

发奋识遍天下字

立志读尽人间书

并以此联铭志，要活到老，学到老，永不满足，永不自傲。从此，他一改以往狂浪的姿态，手不释卷，朝夕攻读，虚心求教，最终成为北宋文学界和书画界的佼佼者，成为"唐宋八大家"之一。

青年人必须要把自己的精力与心思，放在收集、学习与研究那些以后自己的人生之旅所需要的知识、学问与技能上面，这就是要"再教育"。如何使自己成为人才呢？我们首先就要弄清我们所要成为的"人才"，到底有怎样的内涵。从经济层面看，人才就是特别为社会所需要的人。简单地说，社会需要两种以上知识相叠相补充的人。例如机械工业很有发展前途，但是现在在机械工业里，已大量介入电脑应用，机器配上电脑则可成为附加价值甚高的产品，因此其所

需要的人才是即懂机械又懂电脑的人才，你若二者具备，就是他们需要的人才，你的机会就比只懂机械或电脑的人多。

在美国一般制造业的大公司里，要想升任总裁或副总裁等重要职位，必须既懂该公司产品制造的工业，又要懂得企业管理，只有这种人，才能将公司经营管理得更好。否则你即使再优秀，也只不过是一名优秀工程师而已，你最多做到工厂厂长，但却很难当上总裁。彼得扎克说："在人生的这场游戏中，你应当保持生活和学习的热情，不断地吸取能够使自己继续成长的东西来充实你的头脑。"因此在美国，很多公司的工程师都跑到学校再去念一个企管硕士，如此努力地"再教育"自己，公司对此也不会视而不见的，一般这样的员工大多会有更上一层楼的机会。

在我们的工作、生活中，需要相当多的知识和技能，这些在课本上都没有，老师也没有教给我们，这些东西完全要靠我们在实践中边学边摸索。可以说，如果我们不继续学习，我们就无法取得生活和工作需要的知识，无法使自己适应急速变化的时代，我们不仅不能搞好本职工作，反而有被时代淘汰的危险。

当今，科学技术飞速发展。据美国国家研究委员会调

查，半数的劳工技能在1—5年内就会变得一无所用。特别是在软件界，毕业10年后所学还能派上用场的不足1/4。我们只有以更大的热情，如饥似渴地学习、学习、再学习，才能使自己丰富起来，才能不断地提高自己的整体素质，以便更好地投入工作和事业中。

许多人认为学习是很辛苦的，曾荣获"联合国和平奖"的日本著名社会活动家和国际创价学会会长池田大作却提出了享受"学习的喜悦"的观点。池田大作指出，人能否体会到"阅读的喜悦"，其人生的深度、广度，会有天壤之别。

终生学习在过去似乎更是一种人生的修养，而在今日，它成了人生存的基本手段。特别是近年来，新技术、新产品和新服务项目层出不穷，就业能力的要求随着技术进步的加速也在不断变化着，标准的提高，使得技术发展的要求与人们实际工作能力之间出现了差距。由此产生了一种相当普遍的社会现象：一方面失业在增加，另一方面又有许多工作岗位找不到合适的就业者；一方面争抢人才的大战异常激烈，另一方面又有大批在岗者被迫离开岗位。伴随着知识经济的来临，企业对劳动力不再只是数量需求，更重要的是对其质量有了新的标准和需求。强化知识更新，树立"终身受教

育"的观念已成为时代的呼唤。

美国公司的企业主管，在录用新职员时都说："You will shape up or shape up."意思是："你要不断进取、发挥才能，否则将被淘汰。"竞争激烈的现代社会对职员的要求就是这样。突破现状、不断进取是事业成功的必备条件，也是时代的必然要求。

无论是出于外在竞争的压力，还是出于内在精神的需求，在现在这个信息时代、知识经济时代，学习不仅仅是一个学习时间的延长问题，而必须有其方式的革命，否则，我们仍是无法适应这个时代。对学习方式变革的迫切性和重要性，无论怎么形容都不会过分。

阿尔温·托夫勒把虽然想要学却不知道学习方法的人，叫作"未来文盲"。一个不懂学习方法的人，在过去不能算作一个文盲，但在未来他就是文盲，他的勤奋并不管用。"书山有路勤为径，学海无涯苦作舟"恐怕也得成为历史名言，因为"勤"和"苦"，都不再是这个时代学习方式的特征了。

终生学习，首先应当服从自身的生存目的。一个不明确自己生存目的的人，即使他改进了学习方法，即使他变得一

目十行，一天能读四本书，甚至一分钟能读几万字，但他整个人生的生存状态是茫然无措的。

穆拉·那斯鲁丁在行色匆匆的人群中一路小跑着。有人问他："穆拉，你急着去哪里？"

"我不知道。"

"那你在干什么？"

"我在赶时间。"

每一个人都一定有自己的生存目的，它或许是有意识的，或许是无意识的。但是像穆拉这样，想必他每天就是没有一刻的闲暇，他也是不会取得成功的。

终生学习，"与书为友"的人是坚强的。因为他能自在地品味、汲取古人的精神财产，运用自如。这种人才是"心灵的巨富"，以钱财来说，就像拥有好几家银行一样，需要多少就能提取多少。要达到这种伟大的境界，最重要的是养成读书的习惯。

更新知识，与时代同步

万丈高楼平地起，要事先打好牢固的基础；枝繁叶茂的大树，要靠深入地下的根系供应营养和稳固身躯。想要在这个知识加速更新的现代社会立足，或许昨天的知识今天可能就已经陈旧了，昔日的知识分子如果不加强学习的话，或许就会成为新的"文盲"。

三国时期，孙权部下吕蒙虽身居要职，但因小时候没有机会读书，学识浅薄，见识不广。有一次，孙权对吕蒙说："你现在身负重任，得好好读书，增长自己的见识才是。"吕蒙不以为然地说："军中事务繁忙，恐怕没有时间读书

了。"孙权说："我的军务比你要繁忙多了。我年轻时读过许多书，掌管军政以来，又读了许多史书和兵书，感到大有益处。希望你也不要借故推托。"孙权的开导使吕蒙很受教育。从此他抓紧时间大量读书。后来，在一次交谈中，善辩的鲁肃竟然理屈词穷，被吕蒙驳倒。鲁肃不由感慨："以前我以为老弟不过有些军事方面的谋略罢了。现在才知道你学问渊博，见解高明，再也不是以前吴下的那个阿蒙了！"吕蒙笑笑："离别三天，就要用新的眼光看待一个人。今天老兄的反应为什么如此迟钝呢?"后来，孙权赞扬吕蒙等人说："人到了老年还能像吕蒙那样自强不息，一般人是做不到的。一个人有了富贵荣华之后，更要放下架子，认真学习，轻视财富，看重节义。这种行为可以成为别人的榜样。"

现在，我们正处在一个知识迅猛发展的时代，科学技术日新月异，知识迅速更新，要适应社会的发展就必须不断地学习。不意识到这一点，难免会成为新时代的文盲。

抱朴子曾这样说："周公这样至高无上的圣人，每天仍坚持读书百篇；孔子这样的天才，读书读到'韦编三绝'；墨翟这样的大贤，出行时装载着成车的书；董仲舒名扬当

世，仍闭门读书，三年不往园子里望一眼；倪宽带经耕耘，一边种田，一边读书；路温舒截蒲草抄书苦读；黄霸在狱中还师从夏侯胜学习；宁越日夜勤读以求15年完成他人30年的学业……详读六经，研究百世，才知道没有知识是很可怜的。不学习而想求知，正如想求鱼而无网，心虽想而做不到。"

抱朴子又说："人性聪慧，但没有努力学习，必成不了大事。孔夫子临死之时，手里还拿着书；董仲舒弥留之际，口中还在不停诵读。他们这样的圣贤，还这样好学不倦，何况常人，怎可松懈怠惰呢?"

求知的传统要继承，苦读的精神要发扬，同时学习的观念也要发展。

昨天的文盲是不识字的人，今天的文盲是不会外语、电脑的人，那么，谁是明天的文盲呢?联合国教科文组织已对此做出了新的定义："不会主动求新知识的人。"

知识经济里"知识"的概念，已经比传统概念扩大了，它包括四个方面：

第一，知道是什么的知识，即关于事实方面的知识，如某地有多大面积、多少人口等。

第二，知道为什么的知识，即指原理和规律方面的知

识，如物理定理、经济规律等。

第三，知道怎么做的知识，即指操作的能力，包括技术、技能、技巧和诀窍等。

第四，知道是谁的知识，包括了特定社会关系的形成，以便可能接触有关专家并有效地利用他们的知识，也就是关于管理、控制方面的知识和能力。

可见，这里的知识包括了科学、技术、能力、管理，等等。世界经合组织把第一、二类知识称为"归类知识"。第三、四类知识称为"沉默知识"，即比较难于归类和量度的知识。第一、二类知识可以通过读书和查阅数据库、资料而获得，也可以通过传授而获得；而第三、四类知识，主要靠实践才能获得。其中第三类知识学习的典型例子是师带徒，言传身教，而且还必须通过亲身的实践才能学到手；第四类知识在社会实践中，有时还得通过特殊的教育环境学习。第三、四类知识是在社会上深埋着的知识，不易从正式渠道获得这些知识。

知识型经济的特征，是需要不断学习归类信息并充分利用这种信息，特别是在选择和有效利用信息的技能和能力变得更重要。选择相关信息，忽略不相关信息，识别信息中的

专利，解释和解读信息以及学习新的技能，忘掉旧的技能，所有这些能力显得日益重要。由于"知识"概念的扩展，使得学习的环境、目的、方式、内容等都比传统概念大大扩展了。

现在，学习的过程并不完全依靠正规教育。在知识型经济中，边干边学是最重要的，学习的一个基本方面是将沉默知识转化为归类知识，并应用于实践中去。目前，由于信息技术的飞速发展，非正规环境下学习和培训是更普遍的形式。

正如安妮·泰勒在《创造未来》一书中所说："也许学校不再像学校。也许我们将把整个社区作为学习环境。"时代飞速发展，环境急剧变化，再没有一劳永逸的成功，只有不断创新的人。因此你必须不断学习。学习是一种生活，一种生存方式。没有学习，便没了生存。学习，是一辈子的事。

让自己每天都进步

任何一个人，只要每天坚持多做一点点，多学习一点点，多进步一点点，那么，当一段时间后，把这些所有的一点点加起来，得到的结果将令人吃惊。在人的一生中，有70%的时间都是在混日子，大多数人把每天的时间都停留在吃、喝、睡、工作等方面。直到最后才发现，人们竟然虚度了大半生。如果从这70%的时间里，分出5%来学习，得到的东西会让你享受一辈子。

尽管每天多做一点事情，或者再试一次，在短时间内可能看不出结果，但只要你坚持不懈，不仅个人的能力会得

到提升，同时也是在为随时可能降临的机遇准备能量。聪明的人做这些的时候不是做给领导看，他们在自己的努力中不断地积累经验，增加自己知识的容量，这些人永远走在别人的前面。领导的眼睛并没有被蒙蔽，他可能看不见别人的努力，但他不可能不知道谁的能力在不断提高，领导的眼睛是雪亮的，这些人的努力会得到承认。

赵芳和刘雪都是中文系高才生，在一次研讨会上，毕业五年后的他们又见面了。老友相见，自然惊喜万分，在叙了一番友情之后，话题说到了事业上。在校时没有发表几篇文章的刘雪拿出几本自己的文章的剪贴本给赵芳看，说："我准备联系出版社，出一本自己的文集。"这让以前才华横溢、小有名气的赵芳一下子感到了失落，自惭形秽地说："你怎么写了这么多的精品文章出来？"

原来，刘雪在毕业的前夕，她的文章一直没有太大的长进，于是她跑到系里的一个教授那里请教为文之道。

"其实这没有什么深奥的秘密，你只要天天练一练，天天想着它，每天进步一点点就行了。"教授意味深长地说。

毕业后，刘雪按照教授说的话来做，天天练一练，天天

想着它，日积月累，不知不觉，文章越做越多，书刊发表的也越来越多，累加起来就成了今天这个样子。她毕业几年，虽然工作、生活并不是太顺利，但也不忘天天想它，寻找生活中的感动，酝酿下笔成文，现在有多家报社编辑经常向她约稿，这使她对自己的生活感觉很满意。

刘雪原来的文才本不如赵芳，但她按照教授的教诲，每天限定自己一定要超越自我一点点，潜移默化中，以量变引起质变，最后取得了成功。

多努力一点，多学习一点并不吃亏，当你养成每天多做一点事的时候，你就和他人有了质的区别，你具备了其他人无法比拟的优势，在你将来的发展中，你会因为这种每天多做一点事的习惯得到更多的回报和收获。

"驽马十驾，功在不舍"，命运不会亏待一个矢志不渝者。成功最欣赏那些默默无闻的耕耘者。假如人与自然界一样有春华秋实的话，那么能每天努力一点点的人，一定能品尝到金秋的琼浆玉液，享受大地赐予的丰收喜悦。

可以看看身边那些成功者，他们一直都在坚持一个原则，这个原则就是每天学习一点点，进步一点点。这是大自然给予人类的昭示。停滞不前是可怕的，它甚至比后退更可

怕，我们后退是因为在某些情况下后退一些可能会更好，可能是战略上的安排，是生命现象的一种显现。然而停滞就不一样了，它意味着僵化和死亡。当大海没有河流为它输入河水时，大海面临的也将是慢慢干枯。

"一条不流道的河流，河水会慢慢地发臭；没有新的营养，人也会慢慢地死去。"同样的道理，一个奋斗的人，只有不断地弥补不足，保持每天进步一点点，才能获取最后的成功。

大家都知道流动的水不会发臭，流动的河流才是有生命的河流，这种流动拒绝一成不变，在每一个瞬间都有所不同。所以要想获取成功也要像流动的河水一样，随时随地求进步，哪怕每天只是进步一点点。

有一个成功者，他从创业阶段开始，就把"每天进步一点点"这七个字写在自己的办公桌上，自己电脑的桌面上，也用七个鲜红大字写出来。后来，他的公司逐渐壮大了，"每天进步一点点"这句话也成为公司全体员工所信奉的一句格言。在这句格言的鼓励下，那些并没有受过多少学校教育的员工一天一个模样，这家公司的业绩也令同行羡慕不已。这就是每天进步一点点的力量。

　　作为一个作者，我深有体会，如果没有每天进步一点点的决心，任何一部作品都不会完成。做任何一件事，所有人希望看到的都是永往直前，而不是中途停顿，如果你的心里滋生了对现状的满足，那么，你的事业也将转入由盛而衰的过程。

　　每天进步一点点，从字面上来看并没有多大的意义，但真正做起来，我们就可以看到其中的差别了。每天进步一点点，需要有坚强的决心做后盾，只有这样才能坚持下去。而且，只要坚持下去就会改掉一个人难以改变的缺点。

时间是什么

　　只有今天属于我们，它是短暂的，仅有24小时，或1440分钟，或86400秒。还要除去睡眠和吃饭的时间，所剩余的时间已经不多了。你如果浪费一分钟，时间就会少一分钟，浪费一秒钟，时间就会减少一秒钟。

　　法国思想家伏尔泰曾出过这样一个意味深长的谜："世界上哪样东西最长又是最短的，最快又是最慢的，最能分割又是最广大的，最不受重视又是最值得惋惜的；没有它，什么事情都做不成；它使一切渺小的东西归于消灭，使一切伟大的东西生命不决。"这是什么？众说纷纭，捉摸不透。有

一名叫查第格的智者猜中了。他说："最长的莫过于时间，因为它永远无穷无尽；最短的也莫过于时间，因为他使得许多人的计划都来不及完成；对于在等待的人，时间最慢；对于在作乐的人，时间最快；它可以无穷无尽地扩展，也可以无限地分割；当时谁都不重视它，过后谁都表示惋惜；没有时间，什么事情都做不成；时间可以将一切不值得后世纪念的人和事从人们心中抠去，时间能让所有不平凡的人和事永垂青史。"时间到底是什么？时间对于不同的人有不同的意义。对于活着的人来说，时间是生命；对于从事经济工作的人来说，时间是金钱；对于做学问的人来说，时间是知识；对于无聊的人来说，时间是债务。

一位大哲学家说："要把每一分钟都当成自己的最后一分钟。"如果我们平时能够按这句话指出的去做，就会珍惜生活中的每一分钟。

一分钟的作用也不小，它可以使我们得到短暂的休息，可以让我们决定其他的事情，也可以用它来鼓励我们身边的每一个人。在危机时刻，短短的一分钟甚至可以拯救一条生命。一分钟似乎非常短暂，但可能在我们的生活中留下深深的印迹。

在美国近代企业里，与人接洽生意，若论以最少的时间产生最大效率的人，非金融大王摩根莫属。为了珍惜时间他招致了许多怨恨。

摩根每天上午准时按规定上班，下午按规定回家。有人曾对摩根的资本做了一下统计，再根据他的上班时间计算后说，他每分钟的收入是20美元，但摩根认为还不止这些，他很注意珍惜自己的时间，除了在生意上有特殊关系的需要商谈外，他与别人的谈话绝不会超过5分钟。

摩根常常和许多员工在一间很大的办公室里一块儿工作，这样有利于他随时指挥手下员工，按他的计划行事。如果你没有重要的事情而进入他的办公室，他不会喜欢你的，你这样做，在他看来，是在浪费他的时间。

对于那些进入摩根办公室的人，摩根能够很容易看出他是因为什么事而来。和他谈话，转弯抹角的做事方式在他那里没有任何效果，他会很快很容易地知道你的意图。这种明断是非的能力为他节省了许多宝贵的时间。摩根对那种没有事情却只想聊天的人非常痛恨，因为他们耗费了他许多重要

的时间。

浪费时间就是挥霍生命。正如摩根珍惜自己的时间一样，许多成功者都是这样，既不浪费自己的时间，也不浪费他人的时间。浪费时间是生命中最大的错误，也是最具毁灭性的力量。大量的机遇就蕴含在点点滴滴的时间之中。浪费时间是幸福的扼杀者，是绝望生活的开始。实际上，明天的幸福就寄寓在我们今天一分一秒的时间中。

一位作家谈到"浪费时间"时说："如果一个人不争分夺秒、惜时如金，那么他就没有奉行节俭的生活原则，也不会获得巨大的成功。而任何伟大的人都争分夺秒、惜时如金。"

小王每天早晨与妻子一起上班，但他的动作总是比妻子快，这样每天他就要在车里等妻子15分钟左右。小王是一个珍惜时间的人，当他发现每天都有这样一段时间可以利用的时候，他就放一本英语书在车上，每天看几个单词，学几页英语。这样坚持下来，虽然看不出每天有多大的收获，可是后来小王报考英语四级的时候，他才发现英语学习变得很简单，发现原来是每天仅15分钟的积累已经显示出效果了。

富兰克林说："你热爱生命吗？那么别浪费时间，因为

时间是构成生命的材料。"

　　时间是我们生命的组成材料。它的存在给了我们生命应有的标记。但它是那么寂静无声,仿佛怕被人发现似的,它是这个世界最高明的小偷,他永远都会在不被别人发觉的情况下,偷走人们最宝贵财富。它是那么吝啬,永远都不肯讲自己最少的一点积蓄施舍给任何人,即使这个人即将面临生命的终结。所以,我们需要将时间看作是世界最值得珍惜的财富。

　　一些人羡慕美国人、日本人的生活,却不知道他们是多么珍惜时间。20世纪90年代初期,中国辽宁青年参观团在日本出席一个会议,出国前团长准备了厚厚一叠发言稿,可是届时日方官员递上的会议议程却写着:"中方发言时间:10点17分20秒至18分20秒。"发言时间仅为一分钟。这在那些"一杯茶水一支烟,一张报纸看半天"的人看来,似乎不可思议,而在日本却是极为平常的。日本从工人到学者,时间观念都非常强。他们考核岗位工是否称职的基本标准就是在保证质量的前提下单位时间的劳动量,时间一般精确到秒。

　　数学家华罗庚说:"时间是由分秒组成的,善于利用零星时间的人,才会做出更大的成绩来。"

想一想早饭前的那一刻钟，晚饭后的半小时以及洗脸间里和午饭休息时的分秒片刻吧。要记住，一天里能用来读书思考的机会多得很。充分利用这些时间，你就会发现，正如上面例子中的小王所发现的那样，真正的收益来自对零星时间的利用。

其实，只有掌握时间、珍惜时间的人，生命才会在充实的时间中更富足，同时，生命也在节约中得到延长。

时间的宝贵具有特殊性，它不像其他产品那样可以用钱买回来，而它一旦失去，无论你花再多的钱也买不回来。如果一个人不能好好珍惜时间，做事慢慢腾腾，那么做事就不会有效率，必然会被时间所抛弃。如果要做时间的主人，我们就应该学会果断地抛开无效时间，努力提高时间的利用率，以提高生活质量。

不要浪费每一分钟

　　我有一个朋友，他回忆说："小的时候我很懒，看着别人每天都如此勤奋，我的心里很难受，在我心里一直想着，我如何才能超过他们，成为一个勤奋向上的人呢？于是我想了很多办法，但都没有什么效果。有一次，我在书上看到这样的一个小故事，说的和我差不多，但是故事中的主人公用一种写字贴纸的做法，让他从一个懒惰的人变成了一个勤奋的人，为此我也学着那个人做了，我在房间的窗帘上、衣架上、柜橱上、床头上、镜子上、墙上……到处贴满了各色各样的小纸条。这些小纸条上面写满各种各样的文字:有美妙的

词汇，有生动的比喻，有五花八门的资料。但是，里面最多的还是这些话：每天多干一点点、少做一点点是失败者共有的习惯；每天多帮一点点，多付出一点点是成功者共有的特质。成功与失败到底差在那里？差的就是这一点点；珍惜每一天，每一分，每一秒；今日事今日做……而且在我的头上还用大字写了这样的一段话：今天我要比昨天做更多的事，珍惜时间吧！就这样，我的坏毛病慢慢地改变了，一段时间后，我也习惯了这样的生活，同时也因为这样的生活让我走上了成功之路。"

纵观历史，一切有成就的人，无一不是善于挤时间的能手。我有一位朋友，有一次我们在一起吃饭，当他谈到"浪费生命"时说："如果一个人不知道争分夺秒、惜时如金，那么他就没有奉行节俭的生活原则，也不会获得巨大的成功。纵观历史，任何伟大的人都是争分夺秒、惜时如金的人。"

所以，我们人人都须懂得时间的宝贵，当你踏入社会开始工作的时候，一定是浑身充满干劲的。你应该把这干劲全部用在事业上，无论你从事什么职业，你都要努力工作、刻苦经营。如果能一直坚持这样做，那么这种习惯一定会给你

带来丰硕的成果。

巴尔扎克说:"写作是一种累人的战斗,就好像向堡垒冲击的士兵,精神一刻也不能放松。"一些传记家介绍说:"每三天他的墨水瓶必得重新装墨水一次,并且得用掉十个笔头。"

这又是多么的不可思议!和巴尔扎克珍惜时间一样,牛顿、居里夫人、爱因斯坦、爱迪生等都是一些连坐车、散步、等人、理发时间都用于思考问题的挤时间的专家。

有许多成功者,他们总是在别人还没起床时就先起来;别人休息时他们还在工作;别人走了1公里路时,他们已经走了2公里路;别人读1本书时,他们总是比别人多读1本;别人每天工作8个小时,他们就比别人多工作几个小时。

威尔福莱特·康,前半生奋斗了40年,成了全世界织布业的巨头之一。尽管事务十分忙碌,他仍渴望有自己的兴趣爱好。他说:"过去我很想画画,但从未学过油画,我也不敢相信自己花了力气会有很大的收获。可我最后还是决定了,无论作多大牺牲,每天一定要抽出一小时来画画。"

威尔福莱特·康所牺牲的只能是睡眠了。为了保证这一小时不受干扰,唯一的办法是每天清晨5点前就起床,一直

画到吃早饭。他说："其实那并不算苦。一旦我决定每天在这一小时里学画，每天清晨这个时候，渴望和追求就会把我唤醒，怎么也不想再睡了。"

他把顶楼改为画室，几年来从不放过早晨的这一小时。后来时间给他的报酬是惊人的。他的油画大量地在画展上出现了，他还举办了多次个人画展。其中有几百幅画以高价被买走了。他把用这一小时作画所得的全部收入变为奖学金，专供给那些搞艺术的优秀学生。他说："捐赠这点钱算不了什么，只是我的一半收获。从画画中我获得了很大的愉快，这是另一半收获。"

上面的小例子给我们带来了很大的启发，同时也说明了，在当今这个生活节奏紧凑的年代里，人们似乎每天都没有充裕的时间去做完想做的事，所以许多念头就此打消了。但世界上仍有许多人用坚定的意志，坚持每天至少挤出一小时的时间，来发展自己的个人爱好，往往是越忙碌的人，他越能挤出这一小时来。

时间有独特之处，它有时过得慢一些，有时过得快一些，有时它停了下来，待住不动了。有的时候，特别敏锐地

感到时间的步伐，这时，时间飞驰而去，快得只来得及让人惊呼一声，连回顾一下都来不及。而有时，时间却踯躅不前，慢得像黏住了一样，简直叫人难受。它突然拉长了，几分钟的时间拉成一条望不到头的线。各行各业的成功者，正是知道时间的这种特性，不断充实时间的容量，就像盖楼房一样，本来只有几十平方米的地基，盖起楼房却可以占据几百、几千、甚至几万平方米的空间。

　　成功不是靠一步登天的，而是靠一步一个脚印走出来的，是成功者经过多年的积累和行动所换来的，这些成功者无一不是珍惜时间的人，他们珍惜每一天，每一分，每一秒。

　　虽然有很多人都会这样，但是这些成功者们却是在这样的情况下依然是坚持着每天多做一点，多付出一点，所以他们比别人更早地成功了。

做个惜时如金的人

我国古代就有珍惜时间的良好传统。在班固的《汉书·食货志》上有这样的一段文字："冬，民既入，妇人同巷，相从夜绩，女工一月得四十五日。必相从者，所以省费燎火，同巧拙而合习俗也。"一月怎么会有四十五天呢？古人把每个夜晚的时间算作半日，一月之中，又得夜半为十五日，共四十五日。从这个意义上说，夜晚的时间等于生命的三分之一。

生活中，很多的人总是声称自己没有时间，其实真实的情况是这样的吗？这个世界上没有人真的没有时间。每个

人都有足够的时间做必须做的事情，至少是最重要的事情。很多人看起来已经很是忙碌了，但他们却还能够做更多的事情，他们不是有更多的时间，而是更善于利用时间罢了。

你可能没有比尔·盖茨那般富有，但有一样东西你和他拥有的一样多，那就是时间。时间对于每一个人来说，都是绝对公平的，不论是富人或穷人，男人或女人，摆在你面前的时间，每天都是24小时。

时间对于任何人、任何事都是毫不留情的，甚至是专制的。当然，时间对每个人又都是公平的，你可以有效地利用你的时间，也可以在呆呆的目光中让时间白白地流失掉。人生没有回头路可走，我们无法回过头去找到我们曾经无意之中浪费掉的，哪怕是一分钟的光阴。

浪费掉的时间永远失去了，我们永远无法追回，但是，如果学会科学地把握时间、追求效率，在适当的时间内做完应该做的事情，计划中的事情做得越多，效率也就越高，也就更能够掌握时间。

凡是在事业上有所成就的人，都是惜时如金的人。无论是老板还是打工族，一个做事有计划的人，总是能判断自己行动的价值，如果是面对很多不必要的废话，他们都会想出

一个尽快结束这种谈话的方法。他们也绝对不会在别人的工作时间里，去和对方海阔天空地谈些与工作无关的话，因为这样做，实际上是在妨碍别人的工作，浪费别人的生命。

有一次，一个分别很久的朋友前来拜访老罗斯福总统，双方热情地握手寒暄之后，老罗斯福总统便很遗憾地说，他还有许多别的客人要见。这样一来，这位客人也就很简洁地道明来意，然后告辞而去。老罗斯福总统这样的做法既能善待来客，又节省了许多宝贵的时间。

一位办事干练的经理人也深谙此法之精妙，他每次与客户把事情谈妥后，便很有礼貌地站起来，与之握手道歉，遗憾地说，自己不能有更多的时间再多谈一会儿。而那些客人面对他的诚恳态度，也都很理解他，就更不会计较他不肯赏脸再多谈一会儿了。

这些办事迅速、敏捷的成功者都说话准确、到位，都有一定的明确的目的，他们从来不愿意多耗费一点一滴的时间。

处在知识日新月异的信息时代，人们常因繁重的工作而紧张忙碌。无论是在工作还是学习方面，若能以最短的时间，做更多的事，那么剩下的时间就可以挪为他用了。

你也许会对社会上那些著名的企业家、政治家感到怀疑，他们每天有那么多事情要处理，却还能将自己的时间安排得有条不紊，不但能阅读自己喜欢的书籍，以休闲娱乐来调剂身心，并且还有时间带着全家出国旅行，难道他们一天不是24小时吗？正确答案是，他们比别人更善于利用时间，并将它有效运用。

爱因斯坦曾组织过享有盛名的"奥林比亚科学院"，每晚到会，他总是愿意同与会者手捧茶杯，开怀畅饮，边喝茶，边谈话。爱因斯坦就是利用这种闲暇时间，交流自己的思想，把这些看似平常的时间利用起来。后来他的某些理想、主张、科学创见，在很大程度上产生在这种饮茶之余的时间里。

爱因斯坦并没有因为这是闲暇时间而休息，而是在休闲时工作，在工作中休闲饮茶，这是很好的结合。现在，茶杯和茶壶已渐渐地成为英国剑桥大学的一项"独特设备"，以纪念爱因斯坦的利用闲暇时间的创举。鼓励科学家利用剩余时间，创造更大的成就，在饮茶时沟通学术思想，交流科学成果。

　　我国著名画家齐白石，无论是画虾、蟹、小鸡、牡丹、菊花、牵牛花，还是画 大白菜， 无不形神兼备。据说他在85岁那年的一天上午，写了四幅条幅， 并在上面题诗："昨日大风，心绪不安，不曾作画，今朝特此补充之，不教一日闲过也。"

　　巴尔扎克在20年的写作生涯中，写出了九十多部作品，塑造了两千多个不同类型的人物形象，他的许多作品被译为多国文字在世界各地广为流传。他的创作时间表是：从半夜到中午工作，就是说他要一直在桌子前坐12个小时，努力修改和创作，然后从中午到4点校对校样，5点钟用餐，5：30才上床，到半夜又起床工作。这就是巴尔扎克几十年间写作生活的一个缩影。巴尔扎克曾经这样说过："我发誓要取得自由，不欠一页文债，不欠一文小钱，哪怕把我累死，我也要一鼓作气干到底。"他在生命弥留之际，还念念不忘尚未完成的《人间喜剧》。巴尔扎克珍惜时间的精神，为我们树立了一个光辉的榜样。

善于管理时间

一个真正懂得时间管理的人，应能依事情的缓急来定时间的先后顺序，这样，当重要事件发生时，才能不慌不忙地一一处理。这样的人才叫懂得时间管理观念的人，才是时间的主人。

时间是什么？经济学家说："时间就是金钱。"医生说："时间就是生命。"教育家说："时间就是知识。"军事家说："时间就是胜利。"哲学家说："时间是真理的女儿。"时间到底是什么？

历数古今中外一切成大事者，无不惜时如金。"百川东

到海，何时复西归？少壮不努力，老大徒伤悲。""盛年不重来，一日难再晨。及时当勉励，岁月不待人。""一寸光阴一寸金。"这些都是对时间的最佳妙喻。

"不好，再有十分钟就开饭了，什么事都干不了了。"这是平日听到的最普通，也是频率极高的一句话。也会听到白领人士经常抱怨说："一个星期有三到四天的时间在加班，没时间锻炼身体，身体经常处于一种透支的状态。"也有人抱怨，虽然现在的职位有所上升，可是随之而来的是更加没有安全感。知识的更新速度太快，白领都感觉到时间是个瓶颈，一大堆的计划充斥着每天的时间表，当晚上总结的时候，却发现忙的都是一些琐碎的事情，重要的事情反倒没干。这都是因为他们缺乏时间管理的技能，不能很好地运筹时间。

一个充满竞争的时代，竞争能力的强弱，就体现在一个人能否把握时机、赢得时间，而且它还决定着竞争的胜负。在自己的事业生涯中，一个人、一个团队能否取得成功，做好时间管理极其关键。不善于管理时间的人，他们成功的机会要少之又少。美国著名的管理大师杜拉克说道，"不能管理时间，便什么也不能管理"；"世界上最短缺的资源就是

时间，一定要严加管理，否则就会一事无成"。

管理时间也是有技巧的，在这里和大家分享几条高效的办法：

（1）善用剩余时间。什么叫作剩余时间？就是所谓的"角落时间"，5分钟、10分钟，别小看它，积累起来也占了大半天呢!

譬如去麦当劳用餐，用完餐后顺便上洗手间，发现麦当劳的女厕所好像因间数少，而一直那么挤。那天也不例外，这时，突然看到一个也在排队的女孩，她正乘机和排在她前面的一个女孩做推销，不知道她的推销有没有成功，但是，利用剩余时间来创造一些价值，绝对是聪明的做法。

又如，经常可以看见许多学生都会在等公共汽车或坐地铁时背英文单词。相比之下，他们可能比那些交钱去补习班学一年英文的学生还要有效率得多，因为这些"剩余时间"其实就是让你比别人更进步的有效途径。也许有人会问："我怎么知道一天的剩余时间有多少？"

这就牵涉到做记录的问题了，如果你决定做时间的记录，很简单，从每天一大早起床开始，每15分钟便做一次记录，到了晚上临睡前，再把这张纸摊开来看。哇!好多空白，

原来你花在发呆、做白日梦，不知所措的时间那么多，甚至整个晚上只记了三个字:看电视。这么清楚明白地做了记录后，剩余时间有多少不就一目了然了?

（2）减少时间的浪费。如果要去玩，是走这条路好，还是走那条路? 说不定还有更快的! 做任何事时都先计划一下，无论是出去郊游还是逛商场购物，在一楼弄清楚要上几楼，否则乱走乱逛的，就会浪费很多时间。

另外，做计划一定要有工具。最好随时携带笔记本，家里有日记本，办公室还有周记本、月记本，甚至年度计划本。有人可能又要说了:"人生已经这么乏味了，如果做什么事都还要计划，岂不更无聊!"

可是，能规划的永远只是人生可以掌握的，可以想得到的一些事，人生还有太多始料未及的意外是完全无法掌控的。

（3）创造时间的使用价值。时间的使用价值，大多来自于个人的价值、判断与认知，重要的是要知道在轻重缓急间如何取舍。譬如家人和朋友孰重? 私事和公事哪样得先处理? 有了比较清楚明确的价值判定后，就不会有太多紧张、担心、犹豫不决，能放心大胆地去做该做的事。

而在决定时间的排序时，什么事紧急又重要，什么事重

要却不紧急，什么事紧急却不重要，什么事不紧急又不重要的，概念理清，是应具备的基本能力，这样便不易慌乱。当然，最重要的是要知道生活上的目标，因为时间管理和自己的目标设定息息相关，必须知道自己有什么梦想、希望要实现?什么时候要完成?而在努力完成的过程中，时间的价值便创造出来了。

（4）学习自我承诺。不少国人较无时间观念。就以喜宴来说，常常红贴上明明印着6：30入席，但是，7点钟到还不算迟，直到7：30才开始正式入席。德国人则是最讲究时间观念的，他们和好友约在中午见面聊天，结果对方只迟了3分钟到达，另一个朋友就会板着脸说："对不起，我再不要和你做朋友了。"

智者从来不会相信所谓的明天，也从来不屑与津津乐道明天的人们为伍。朱自清有篇散文《匆匆》，他说，"我们洗手的时候，时间就从指缝溜走。"

你在这世上所花的每分每秒，你的点滴的时间，就是你最有价值的资本。这些时间是一维的，是不可逆的，所以如何分配并且有效地运用你生命中的时间，将决定你是否成功。管理好了你的时间，就是管理好了你的生命。

第二章

良好的思维方式

工作要专注

　　你要想让自己成为强者，必须这样来要求自己做事的习惯：专心地把时间运用于一个方向上。这样你就能集中精力，解决迫在眉睫的难题。假如你早上7点钟起床，晚上11点睡觉，你就整整做了16个小时。但对大多数人而言，他们是在做一些事，而成功者只做一件。假如你将这些时间运用在一个方向、一个目标上，你一样会成功。

　　所以，成功最重要的特质之一是专注。专注的员工会对自己的业务主动提出改善计划。因为在自己的业务方面，你就是专家，即使再优秀的领导也不可能做到样样精通，因此

你要钻研自己的业务，经常考虑自己的工作有什么地方可以改善。因为，往往业务流程上的一点点改进就可以为公司增进一大笔利润。

专注的员工不断地追求完美。正是有这种追求，才有了事业与人类社会的不断进步。事实上，每个人都可以通过自己的努力促进事业的发展。

刘桐是一位创业者，他从小就有一个梦想，就是做一个具有影响力的企业家。但是，由于家境贫穷，他就想尽一切办法来改变自己。在云南当地上高中的时候，他就充分体现了一个创业者的潜能，他不仅兼职去做一些工作，而且还为自己将来的发展树立了坚定的目标。在北京经过十多年的积累之后，他有了一点属于自己的资产，他创办了第一个公司——金维罗公司。刘桐从小对写作就有着非常浓重的兴趣，在创办公司之后，他也没有忘记发挥自己的特长，并使公司业务拓展到了图书出版、动漫产品的开发上，使公司形成了多元化发展的格局。

是什么原因使刘桐的公司在不到两年的时间内取得了如此卓著的成绩呢？答案是刘桐那惊人的创造力和不断追求、吃苦耐劳、永不言败、永不放弃的执着精神。

刘桐曾经说他是一个不到黄河心不死的人，一直不断地努力拼搏的精神是他不断走向成功的动力。尤其是创业环境不断变化的今天，如果你能够专注于自己的职业，把工作中的每个细节都了解清楚并做到最好，那么这不仅能为你赢得良好的声誉，还可以为你以后的事业播下希望的种子。

刘桐认为，一个企业要充满核心竞争力，就需要具备一种能够比竞争对手更具竞争力的产品，但要提供这样的产品，人的因素尤为重要。故而，建立一支具备良好素质的团队跟制作产品一样重要。企业要营造出一种环境，使得员工能够畅所欲言，气氛活跃，才能使团队成为一个有机的整体，激发出大家的积极性，为企业贡献力量。

刘桐无论是在经营公司，还是在产品的开发过程中，都非常注重细节，尤其是对经营环节中的每一个流程，都做得非常到位。这也使得刘桐所领导的公司能够在该行业中赢得一席之地，并成为动漫产业群体中的一座丰碑。

在最近的一年时间里，刘桐带领着他的团队在文化创意产业方面已经取得了不小的成绩。例如他们开发的《莫克

力》一书就是一个非常好的例子。他说："在进入这个产业之前，我就不断提醒自己：我开发的产品是给谁的，我究竟需要的是什么。正是因为我有了这两个问题，从而使我非常清楚，我将带领着我的团队走向哪里，同时我也清楚地认识到我正在创造的东西是什么。而这也是我的团队进行工作的力量来源。"

刘桐说："大多数事情都是说起来容易做起来难。虽然任何事情做起来都不容易，但只要具备非凡的能力和克服困难的执着精神，他就会获得成功。"

对此，一家媒体在评价刘桐时说："尽管现在我们不能说刘桐成功了，但是，我敢肯定地说，如果刘桐哪一天成功了，那么，他的成功就是源自于他对自己职业的专注和他那种为了成功所凸显出的那种惊人的劲头，还有他那种总想把事情做得更好一些的精神。正是具备了这一特质，无论他做什么，他都认为：只要有办法改进，就得精益求精。"

当然，这只是来自于媒体的评价，刘桐本人是如何评价自己的呢？在韩娜的新作《为自己奋斗》一书中，曾引用刘桐的话

说："无论我们做任何事情，并不见得我们就具备了超凡的能力，但应该具备一种超凡的心态，只要我们具备了这种超凡的心态，就能够积极主动地抓住并创造机遇，而不是一遇到困难就逃避退缩，为自己寻找借口。如果我们这样做的话，是不可能取得成功的。这时，我们需要的是一种专注，那么，我们如何达到专注呢？这就需要我们对自己的人生进行设计，将精力集中在自己擅长的领域，以便提高个人的竞争力。"

其实，在这里，刘桐想要表达的就是专注于自己的长处。一位有名的成功学家曾经花了十多年的时间对各类成功人士进行研究，结果发现成功者的成功路径虽各不相同，但有一点是共同的，就是扬长避短，发挥自己的长处是成功的最大机会。为此，他建议：

首先，集中70%的专注力于自己的长处。卓越的成功人士都会把较多的时间专注于他们所擅长的领域，以使自己的潜力能得到更好地发挥。管理学大师彼得·德鲁克说："人们并不会在事情被搞砸时大惊小怪，倒是会惊叹那些偶然做出的美好、正确的事。能力不足是极为正常的，每个人的长处都只在某个方面。正如从来没有人议论过为什么伟大的小

提琴家贾·海菲兹不会吹喇叭一样。"想成功就应该专注于自己的长处，并努力培养它，这才是自己时间、精力和资源投资的正确方向。

其次，用25%的专注力学习新事物。要精益求精，就必须不断改变自己。学会改变自己才能成长、才会进步，这意味着你必须跳出自己原来的模式，去学习新事物，在长处上不断追求进步会使你很快成为一名领导人才。

最后，用5%的专注力避免个人弱点。没有人能完全避开自己的弱点，关键是如何尽量避免。

这一理论用在管理实践中就可以避开传统人力资源管理的两个误区：一是认为经过足够的培训，所有人都可以胜任同一岗位；二是认为改进个人的弱点是他获得进步的最大机会。

根据这一理论，现在的管理者和员工要注意发现自己的长处，并集中精力发挥自己的长处，使它成为自己得天独厚的优势。

假如你是一名员工，"产值"极高，但文件管理一团糟，你想怎样进一步提高效率？

你先要了解为什么自己不善于管理文件？是刚来不久，还是不明白方法？你可以在这方面接受一些必要的培训或者

请教有效率的同事。如果还不行的话，说明你缺乏管理文件的才干，应该另外寻找一种解决方案：尽量避免自己不善行政的弱点，转而全力以赴抓业绩。

再如，假如你现在是一名经理，手下有两个部门职位空缺：一个绩效高的部门，一个绩效不太好的部门，但均有潜力可挖。你手上恰好有两名经理，一位具备一流的管理才干，另一位是平庸之辈，你会如何分派呢？

优秀的领导会把最具才干的经理派到高效的部门去，帮助该部门更上一层楼，尽管其难度绝不亚于帮助低效部门摆脱困境。不要让一名平庸的经理去绩效高的部门。平庸的经理很难管理好优秀的部门，而落后部门将拖垮优秀的经理。若把有才干的经理派去管理低效的部门，把平庸的经理派去管理高效的部门，结果很可能是浪费了两名经理，同时使两个部门的绩效都减半。

所以，一个成功的人一定能够把他自己完全沉浸在他的工作里。一个人的精力毕竟是有限的，就像一瓶汽水，如果把它倒在五个杯子里，每个杯子都不会满；如果把它倒在一个杯子里，这个杯子很快就会装满。所以把精力专注于自己擅长的工作上，就会比别人更早取得成功。

专注

受到太多的外界干扰是不可能发挥自己所有能力的。你只有专注于某一件事时，所受到的外界干扰才会大大地减少，这样，你的心态平静了，精力也会随之集中，那么所做的事自然会水到渠成。

任何一个人，只要对某一项事业执着地追求，就能产生超乎常人的能力，排除难以想象的困难。当你专注于某一事业埋头苦干、专心致志时，你所做出的成功，可能会让你大吃一惊。比如，在工作中，我们专心地投入某一件事中，时间就会在不经意间过去，这就是专注的表现。

"成于专而毁于杂"，这是经过无数人的实践证实的真理。

　　有一种游戏叫俄罗斯方块，这种游戏最能体现出一个人是否专注。当我们专注于其中，这款游戏就能持续不断地玩下去，如果我们一边玩游戏一边看电视或做其他事，很快，游戏就会陷入死亡的境地。

　　美国"钢铁大王"卡内基说："把你所有的蛋放在一个篮子里，然后看着这个篮子，不要让任何一个蛋掉下来。"这一形象的比喻，告诉我们一个真理：一个人确定方向后，必须集中精力去完成。

　　爱因斯坦在发现短程线理论之前，是经过长期的观察、测量和计算的。这一过程中，爱因斯坦付出了多少心血，只有他才能体会到。

　　爱因斯坦对自己的发现简直入了魔。有一次，他从梯子上摔了下来，造成骨折，家人将他抬到床上，请了一位老人来替他医治。其间，爱因斯坦一声不吭，脸上也没有什么表情。他如此的表现可把家人急坏了，大家都认为是摔下来时摔坏了大脑。几天过去后，爱因斯坦又好了，于是家人追问他，为什么在医治脚时他一声不吭，爱因斯坦的回答让家人

哭笑不得，他说："什么时候帮我医治脚，我不知道啊！"经过家人的解说，爱因斯坦知道了事情的经过。原来，爱因斯坦从梯子上摔下来后，一直沉醉在他的理论思考之中：为什么下落者要笔直地掉下来？他一直在思考这个问题，所以对自己的骨折反而一点都不知道。正是由于爱因斯坦的专注，短程线理论诞生了。

科学理论的创立是"专注"的产儿，艺术作品的问世也是专注所创造的结晶。

中国的唐三彩是出了名的。有一个年轻人，他很想烧制出更好的作品，于是去拜访一位大师，当他走进大师的制作间时，大师带年轻人去看一件他刚完成的作品，让他看看这件作品还有没有什么缺陷。

在年轻人的眼中，大师的作品已经很完美了，于是对大师说："您的作品非常完美，我找不到任何缺陷。"

大师笑了笑，然后对年轻人说："你看那儿，如果马背的线条能再低一些，我想会更好的……"大师一边说，一边拿起工具对作品进行修饰。

大师非常认真、旁若无人地干了一个多小时，他没有和

年轻人说过一句话，也没有看过年轻人一眼，在他的眼中，除了面前的作品，其他的什么都没有，他把一切都忘记了，好像天地间只有作品存在。当大师把作品修饰完之后，他便走了出去，还没有走到门口，他忽然想起还有一位客人在等他，于是向年轻人道歉，可是年轻人没有接受大师的道歉，因为他已经得到了他想得到的东西。

他对大师说："不，大师，您不用和我说什么道歉的话，应该是我向您说谢谢。我在这一天得到的收益，已经比我多年来的学习还多。一个人可以完全忘记了时间与整个世界，这个认识，使我受到了莫大的感触。这一个小时，使我把握住了一切艺术、一切事业成功的秘密——专注。我知道了，只有集中所有的精力去完成每件作品，才能制作出真正意义上的完美作品。同样，不论事情的大与小，只有把我们容易分散的意志贯注在小小的点上，我们才能得到大的收益。"

做什么事情朝三暮四，或者什么都想做，其结果只能是耗费了精力却得不到成果，到头来落得竹篮打水一场空的结局。只有把蛋集中于一个篮子里，并全力以赴关注蛋的人，才能创造出最大的效益。

集中精力做一件事

不论你所从事的是什么工作，都需要你静下心来脚踏实地地去做。要知道，你把时间花在什么地方，并且持之以恒地坚持下去，你就会在那里看到成绩，这是非常简单却又实在的道理。

曾有人向一位成功人士请教："你为什么能完成这么多的工作？"这位成功人士是这样回答的："因为我奉行这样的原则，在某个时间段只集中精力做一件事，但要尽最大的努力把它做好。"

　　对本职工作不了解，业务不熟练，但在失败后却反过来责怪他人，抱怨社会，这是不应该的。你应该做的是：尽最大的努力去精通业务。这实际上并不难，只要你持之以恒地积累。

　　褐色皮肤、英俊潇洒的泰生从小就是游泳健将，经常参加比赛。"从很小的时候，别人就从两方面来看我们。"他说，"一方面看我们是谁，一方面看我们有何表现。我总是因为比赛成绩而获得夸奖。"

　　于是泰生不断追求成就。他的事业从一幢建筑物开始，然后变成两幢，最后名气愈来愈响亮，业务不断扩充发展。最后，泰生的事业扩大到连自己都弄不清楚究竟涉足了多少生意。

　　"我兼营制造业、旅游业、管理事业、旅馆经营、公寓改建等，每一种行业我都想插手。我非常兴奋，不知道什么是自己做不到的，所以想试探自己能力的限度。我常在早上起床看见自己的名字登在报纸上，感觉很舒服。然后再看一遍，感觉更舒服。凡是问题愈大愈多就愈好。"

　　有一天，银行打电话通知他的公司已过度膨胀，缓付款

也已到期，要求偿还贷款。小神童泰生的事业就这样垮了。

刚开始泰生责怪每一个人，把错误归咎于银行、社会经济形势或公司员工。最后，他只归结为一点："我知道自己太自私了，我走得太快、太远，不知道自己的能力有一定的限度。面对新机会时我不说：'这类生意我不做。'反而说：'为什么不做？我什么生意都做。'我就是太好大喜功。由于每一件事都想做，结果无法把精神集中在任何一件事情上面。"哪一个问题最迫切需要解决，就成为他的当务之急。"我错把时间上最紧急的事当作最重要的事。"

泰生没有分辨清楚事情的轻重缓急，现在他首先需要解决的是重定目标，选择擅长的行业，然后集中精神去做它。

泰生最擅长的是房地产开发。经过几年的拮据与苦撑，加上他的努力经营，他的生意逐渐有了起色。现在他再度成为纽约的百万富翁，只不过对自己能力的限度了解得更清楚了。

他自己认为，如果现在我有这样的想法："经营健身俱乐部的生意好像挺不错？"我会马上阻止自己说："谁要去做这种生意？我有我的赚钱行业，根本不需要做这种生意。

让别人去做好了。"

事实上，我们每天的工作大多数都是例行的，或者千篇一律的。于是，我们的脑子常常几乎是闲着的。由于我们"无法全身心投入"，结果就可能导致因疏忽而引起的错误，或者觉得工作没劲，甚至苦不堪言。我们应该努力把意识集中在某个特定的行为上来，并要一直集中到已经找出实现这一行为的方法，并且成功地将其付诸实际行动中去。首先要养成一定的习惯，习惯性的行为能使人较容易地迎接眼前的挑战。

其次可以增加工作的难度。通常我们的技能如果只够应付眼前的挑战，则专注的程度最高。要想愉快地完成一件简单乏味的工作，可行的办法就是增加这件工作的难度。不妨把沉闷的工作转变成具有挑战性的比赛，跟别人比，跟从前的自己比，以便充分发挥自己的潜力，制定规则和目标，给自己一个时限。这样增加挑战性的方式也许能够迫使你进入理想的全神贯注的状态。因为要超越别人、超越自己，你必须全力以赴。

在做一件事情时，你甚至可以把要做的每一个步骤都说出来，这样不仅有助于全神贯注，而且能够提醒自己遗忘了

哪些步骤。自言自语也有摒除噪声的作用，使你不易分心。

一位年轻的滑雪选手对观众的叫嚷声和纷飞的雪花感到心烦，教练适时地提醒："看着前面。"于是这位选手像念咒似的反复说着"看着前面，看着前面，看着前面"，他终于把精神集中了起来，并取得了不错的成绩。

在学生时代，许多人就形成了办事拖沓、心不在焉、做一天和尚撞一天钟的坏习惯，以至于在工作中也是懒散成风，处处想投机取巧，蒙混过关。没有时间观念也是这类人的一贯作风，这使他们常常因此而遭受失败。到金融机构办事迟到，那么，被拒付票据就是正常的了；和人约会姗姗来迟，那么，失去他人的信任就是正常的事了。

这种品行的人注定会走向失败，也必将辜负亲朋好友对他的殷切期望。最糟糕的是，这种人一旦通过非正当手段占据了领导位置，其后果就非常严重，他们的种种恶习必将传染到下属身上。如此一来，整个公司必将一片混乱，又如何能够生产出优质的产品来呢？

专注于你的目标

　　有很多天资聪颖的人都经历了失败的苦痛，其主要原因就是见异思迁，目标不确定，分散了自己的精力。能成大事的商人都是首先确定一个明确的目标，并集中精力、专心致志地朝这个目标努力，直到实现目标为止。

　　那些成大事者，他们之所以成功，就是因为他们除了追求完美的意志以外，还具备了能够把一切烦琐都去掉的能力。正因为他们具备了这一点，所以他们能够把他自己完全沉浸在他的工作里，除此之外没有别的秘诀。

　　茨威格是奥地利的著名作家，他曾经讲了对著名雕刻大

师罗丹工作的如下见闻和感受。他说罗丹的工作室是一间有着大窗户的简朴屋子，有完成的雕像，有许许多多小塑样：一只胳膊，一只手，有的只是一只手指或者指节，他已动工而搁下的雕像，堆着草图的桌子。这间屋子是他一生不断地追求与劳作的地方。

罗丹罩上了粗布工作衫，就好像变成了一个工人。他在一个台架前停下。

"这是我的近作。"他说，把湿布揭开，现出一座女正身像。

"这已完工了。"我想。

他退后一步，仔细看着。但是在审视片刻之后，他低语了一句："这肩上线条还是太粗。对不起……"

他拿起刮刀、木刀片轻轻滑过软和的黏土，给肌肉一种更柔美的光泽。他健壮的手动起来了；他的眼睛闪耀着。"还有那里……还有那里……"他又修改了一下。他把台架转过来，含糊地吐着奇异的喉音。时而，他的眼睛高兴得发亮；时而，他的双眉苦恼地皱着。

这样过了半点钟、一点钟……他没有再和我说过一句话。他忘掉了一切，除了他要创造的更崇高的形体塑像。他专注于他的工作，犹如在创世之初的上帝。

最后，带着感叹，他扔下刮刀，像一个男子把披肩披到他情人肩上那种温存关怀般地把湿布蒙上女正身像，于是，他又转身要走。在他快走之前，他看见了我。他凝视着，就在那时他才记起，他显然对他的失礼而惊惶："对不起，先生，我完全把你忘记了，可是你知道……"

我握着他的手，感谢地紧握着。也许他已领悟到我所感受到的，因为在我们走出屋子时他微笑了，用手抚着我的肩头。

从这个故事可以看出，正因为罗丹的专注，才成就了他创作出如此惊世之作，才能千古留名。所以说，想法太多，或者要想实现的目标太多，跟没有想法、没有目标其实是一样的有害。我们应该记住的是：不管怎样，生活都不会辜负一个在核心目标上不懈努力的人。这正如茨威格说："再没有什么像亲见一个人全然忘记时间、地点与世界那样使我感动。那时我领悟到一切艺术与伟业的奥妙——专心，完成或大或小的事业的全力集中，把易于松散的意志贯注在一件事

情上的本领。"

专注地做一件事情，全身心地投入并积极地希望它成功，这样你就不会感到筋疲力尽。林肯专心于黑人奴隶的解放，并因此成为美国一位伟大的总统。伊斯特曼致力于生产柯达相机，这为他赚了不少的金钱，同时也服务了全球数百万人。伍尔沃斯的目标是要在全国各地设立一连串的"廉价连锁商店"，于是他把全部精力花在这件工作上，最终成功地实现了自己的梦想。

不要让他人的言语影响你的决心和行动，也不要让别的事情或想法占据你的思维。把你需要做的事看成是看几本书，一次只能专心致志地看一本书，看完之后再看另一本。不要在你看这本书的时候还想着其他的书，那样做，任何一本书你都看不好。做事也一样，选择最重要的事情先做，把其他的事情放在一边。做得好，做得精，才能体验到工作的乐趣，生活的乐趣。

法国著名作家巴尔扎克年轻的时候，曾经营出版、印刷业，但由于经营不善，他的企业破产了，并欠下巨额债务。债主经常半夜来敲他家的门，警察局发出通缉令，要立即拘禁他。那时的巴尔扎克居无定所，后来实在没有办法，在一个晚上，他偷偷搬进巴黎贫民区卜尼亚街的一间小屋子里。

他隐姓埋名，躲进这间不为人知的小屋子里。他坐在书桌前认真思索、反省：多年来，自己一直游移不定，今天想做这，明天想干那，始终没有集中精力做一件事情。想着想着，他顿悟，从储物柜里找出拿破仑的小雕像放在书架上，并写了一张小纸条贴在上面：彼以剑锋创其始者，我将以笔锋竟其业。巴尔扎克选择了自己最喜欢的文学创作，并致力于其中，最终用笔征服了全世界。

每个人一生都有几个目标要实现，但一个人的精力毕竟是有限的。专注于一个核心目标，一次只专心地做一件事，你终会有所成就。

专注于你的目标，即使你在做的是一件最微不足道的事情，都会变得有意义。

有创新才有出路

　　一个周末的上午，某百货商店早早地就打开店门，把库存以久的衬衫拿出来摆在门口，经理想今天也许会有一个比较好的销量。可是谁知都快过10点了，仍旧无人问津。面对着这样的情景，经理的心仿佛被油煎一样难受：仓库里积压了大量的衬衫，要是再处理不出去的话，这个季末的销售计划又无法完成了。可是如何才能将它们完全销售出去呢？就在他一筹莫展的时候，抬头看到街对面的水果店前排着长队的人们在买苹果，不断有人叫喊："每人只能买一公斤！"看到这幅场景，他忽然计上心来，于是立即拟写了一张广告

挂在商店门口，并严厉吩咐售货员："未经我批准许可，每人只准买一件！"

没过几分钟，一个顾客敲开经理办公室的门走了进来，说："能不能多卖给我几件，我有一大家子人呢？"

"很抱歉，实在是货源不充足。"

见经理这样说，顾客显得很失望，正准备转身离去，经理又说："就卖给你三件吧，多了我也无能为力。"说着，迅速写了一张条子递给喜出望外的顾客。这位顾客刚离开不一会儿，又有一位顾客闯了进来，并大声嚷道："你们根据什么限量出售衬衫？"

"根据实际情况，"经理回答，"我破例给您两件吧。"

有一个年轻人在一个小时内几进几出，买到了大批衬衫。办公室的电话铃声不时响起，顾客络绎不绝地进出，经理都有点应接不暇了。百货商店的门口排起了长长的队伍，赶来维持秩序的警察，每人优先买到了一件衬衫。就这样，所有积压的衬衫被抢购一空。

　　看到别人未曾看到的，想到别人未曾想到的，这就是创新。它需要一个人除了具有独到的眼光之外，还要有过人的胆识和立即附诸行动的决心。

　　在现今的生活和工作中，创新的意识更是不可缺少。以求职为例，如果不采取有新意的方法，只是以传统的方法进行投递简历，或者其他的一些比较普遍的求职方法，那么在众多的求职者中，你就很难脱颖而出。同时，在选择工作的广度上，如果认为只有一种职业符合自己，这种思维肯定是错误的，因为它本来就缺少创意，仅仅是一种不愿努力改变自身被动状态的懒惰心理而已。

　　在职场中，很多人都会遇到人生的瓶颈，而此时，要想有更上一层楼的发展，就更缺少不了创新。所谓"人生瓶颈"，就是指一个人遇到了"关卡"——上不能上，下不能下；进不能进，退不能退。怎么办？唯有创新才是最好的出路。

任何时候都要有创新

所谓创新，就是在工作中另辟蹊径，开创出一个完全与以前不同的局面。在现在这个竞争异常激烈的市场中，也许你仍旧处于优势，可若失去了创新精神，优势也只能是山雨欲来前的花朵，终究会被风雨吹落。拥有创新精神，可以让你更上一层楼，使优势更加明显；若是你已经处于劣势的地位，那只有创新才可以使你从困境中抽出身来，甚至还可以让自己变劣势为优势，扭转不利的局面。

皮尔·卡丹一直认为，一个人要想取得成功，就必须不

断地进行创新，先有设想，然后付诸实践，同时不断地自我怀疑，这就是成功的秘诀。

皮尔·卡丹曾经一无所有，但是后来他却创立了自己的商业帝国，成就了另一个商业神话。所有这一切的拥有，只缘于他坚持了两个字：创新。

23岁那年，踌躇满志的皮尔·卡丹骑了一辆自行车便只身来到了巴黎。他先在当时巴黎一家最负盛名的时装店里当了五年学徒。由于聪明好学，很快从设计、裁剪到缝制的各种技术他就都掌握了，并有了自己对时装的独特理解。他认为时装是"心灵的外在体现，是一种和人联系的礼貌标志"。

为了把自己对时装的这一理解展示出来，他举办了一个时装展示会。他聘请了20多位漂亮的女大学生，在巴黎举办了一场别开生面的时装展示活动。模特们身穿各式各样的服装，闪亮登场，给人以耳目一新的感觉。时装模特的精彩表演，使皮尔·卡丹获得了巨大的成功，巴黎几乎所有的报纸都在头版头条报道了这次展示会的情况，订单也像雪片一般飞来。

后来，他又把目光投向了新的领域。他在巴黎创建了"皮尔·卡丹文化中心"，里面设有影院、画廊、工艺美术拍卖行以及歌剧院等，成了巴黎的一大景观。他还涉足餐饮业，收购了濒临破产的"马克西姆"餐厅。这是一家高档餐厅，建于1893年，有着悠久的历史。当时好多外国企业都对这家餐厅产生了觊觎之心，但是最后，皮尔·卡丹以150万美元的价格拿下了这家餐厅。他改变了以往的经营方式，尽管餐厅仍是经营法式菜肴，但餐厅的服务水平却大大提高。结果，这家餐厅不但复活了，而且其影响力甚至波及全球。

要想在商场上立于不败之地，唯有创新；要想取得更好的发展和进步，唯有创新；而一个寂寂无名的人要想有所成就，让成功的光环笼罩在自己头上，也唯有创新而已。这几乎成了商场上的生存法则。

三星是电子产品中的领头羊，它取胜的秘诀就离不开创新。在产品策略上，三星始终以最酷、最时尚的产品引领着电子产业的潮流。其移动电话、存储芯片以及摄像机一直领先于它的竞争对手。它的产品更新速度比世界平均水平快1~2倍，常令竞争对手感到莫大的压力。

　　三星的设计就是以市场作为导向的，这种设计将统一的三星品牌形象融入每一个产品。三星极其重视细节的变化，所研发的每一款新型产品都紧跟时代潮流，受到年轻人的追捧，而年轻人往往又是消费这类电子产品的主要顾客，因此也为它带来了可观的利润。

　　后来，为了更好地适应企业的发展，三星内部又进行了改革，把所有力不从心的产业统统裁掉，把所有的资产集中于优势部门。正是这种集中战略使三星度过了亚洲金融危机的风暴。后来，三星内部还实行了裁员，大大提高了工作效率，节省了开支，还裁并了一些华而不实的项目。

　　大胆创新，锐意改革。三星正是因为秉承了这样的企业理念，才能在激烈地商战中始终立于不败之地，并时刻引领着时代的潮流。

　　创新，就要敢于打破以往的规则。其实，规则本来就是由人制定出来的，目的是让一切更加井然有序，可是另一方面，规则又可能成为人们头脑中的一种桎梏。事情总是变化的，规则也应该随之而改变。我们不仅应该成为游戏的参与者，还应成为游戏的制订者。而要做到这一切，唯有创新。

跳出思维定式

物体在运动的过程中会产生惯性，我们的思维也是如此。有时，我们应该将这种惯性加以利用；有时，我们也必须打破这种惯性，跳出常规性思维。

唐朝中叶，安禄山叛乱。叛军一路势如破竹，这一日来到了雍丘。雍丘的首将张巡，是当时的一员名将。他善用奇兵，常常令对方防不胜防。叛军攻了四十余天，也没有取胜，而此时，城内情况也不妙。由于连日激战、补给不足，城内的箭都已用完。后来，张巡想了一计。他命士兵扎了好多草人，然后给这些草人穿上黑衣，趁夜深人静之际，放下

城去。正在围城的叛军见到，以为唐军想要偷越出城，于是一阵乱箭射来。等草人身上扎满了箭，士兵们便把草人提上来。如是三番，他们用这种办法得到了十几万支箭。

后来，消息传了出去，叛军们这才知道自己上了当。又一夜，城头又放下一些黑衣人。叛军一见哈哈大笑，说张巡又在骗我们的箭了，不用理他。可不一会儿，那些草人却不见了，叛军还以为张巡等不及把草人收回去了。谁知夜深人静之时，突然跑出一支唐军，摇旗呐喊向叛军阵营冲杀而来，城内的唐军也擂鼓呐喊。叛军此时一个个睡得正酣，没有丝毫的准备，还以为是城内的援军到了，一时惊慌失措，个个落荒而逃。

其实，这又是张巡用的一计。原来夜间从城上吊下的是唐军的"敢死队"。他们下城之后便找地方埋伏起来，待夜深人静之时突然杀出，令对方手忙脚乱。其实当时敢死队一共只有500人。就这样，敢死队和城内的唐军一起追杀，取得了胜利。

张巡之所以能取胜，就是因为他抓住了人们思维上的惯性。

惯性有时也会成为我们思想上的一种障碍，这时，我们就要学会跳出思维定式。

当小象很小的时候，就给它系上链子，将它拴住。开始小象会拼命的反抗，但是几经挣扎，却毫无用处，反而弄伤了自己。它以为自己无能为力，于是也就不再反抗。直到后来，它慢慢地长大了，这时只要它稍稍用力，便可以将绳索挣断。但是它已经被自己的思维限制在那里，不再反抗，所以你就会很惊奇地发现一只重达几千斤的大象却被一根很细很细的索链困住的怪现象了。

一个人的思想如果总是被限定在一个框架内，就会僵化。因此，我们要勇于跳出思维定式，只有这样，才能有所创新，有所突破。

有一个富翁，年事已高，便打算把自己的家业交给自己的儿子掌管。但他有两个儿子，而且个个都很聪明伶俐，所以这让他感到很为难，不知到底该把家产交给谁。

一天，富翁终于想出了一个办法。两个儿子都很喜欢骑马，于是他便打算用赛马的办法来决定人选。

风和日丽的一天，他带两个儿子来到赛马场，对他们说："我知道你们都很精于骑术，这里有两匹同样好的马，你们每人一匹，谁若胜了，我就把全部家业交给他。"

然后，他把这两匹马分别交给两个儿子。两个儿子分别打量着自己的马匹，查看马鞍等是否齐全，生怕会有什么疏忽。

这时，富翁宣布了他的比赛规则："从这里出发，然后绕赛场一圈，谁的马'慢到'，谁将获胜。"

两个人顿时呆住了，不相信自己的耳朵。因为在他们的印象里，赛马比的都是速度，谁快谁赢，怎么会比慢呢？

正在他们发愣之际，只听富翁喊道："一、二、三，比赛开始！"两个人还是在那儿傻站着，一动也没动。还是弟弟反应快，他突然扔掉了自己的马，骑上了哥哥的马，然后快马加鞭，飞奔而去。哥哥还是没有反应过来，心说他怎么骑我的马呀？当他明白是怎么回事时，已经太迟了。弟弟骑着自己的马，已经遥遥领先，任他怎么追也追不上。结果，弟弟骑着哥哥的马最先到达了终点，而哥哥骑着弟弟的马，却远远落在后边。就这样，弟弟赢了。

富翁见到这种状况，高兴地拍着小儿子的肩膀说："你可以想出有效的办法，这说明你有足够的智慧可以掌管家

业。现在我就宣布，把全部家产交给你。"

　　既有的知识和经验会成为我们成功的一种借鉴，也可以成为我们思维上创新和进步的一种羁绊。在生活中，我们总会看到一些在我们眼里行为怪异的人，但是却往往很能吃得开，取得一些惊人的成绩。因为这些"怪人"的思想如天马行空，不受任何的束缚和羁绊，所以，他们往往会用一种令人防不胜防的方式去做事，因而也就能取得成功。

　　一个人，如果可以跳出思维的定式，那么新的境界就会洞开，新的想法就会诞生，而人生也自然就会取得突破了。

有热情才有动力

热情的态度与行动之间的关系，就如同汽油和汽车引擎，没有汽油汽车是发动不起来的，同样，没有热情行动也只会搁置在浅滩上。因此，无论做任何事情，都应该怀着热情，并用它点燃身体内蕴藏的能力，凭借着这股力量，我们可以改变自己人生中的任何层面，扭转那些不利于我们发展的环境，使梦想最终成为真实。

李函是某文化公司的总经理，在他刚创业的时候，他用他的热情为我们谱写了很多的精彩案例。我们知道，一个企业的创业过程中，如果没有资金、没有人才，只在技术和

市场的背景下去创业，那么，这种创业过程无疑是一场惊险的冒险，而李函的创业历程正好给我们说明了这一点。他在刚创业的时候，凭借着极少的资金，开始了人生的转变。在刚开始的时候，公司就只有他一个人单枪匹马地在商场上厮杀，他一个人担当了众多的角色，他既是领导者，为公司的发展制订发展目标，又是技术开发人员，他要把产品开发出来；他既是营销人员，在产品开发出来之后，他要把产品推向市场，他又是清洁工，当办公室很脏时，他要亲自去打扫。更令人惊奇的是，他在创业时才20岁，尽管他本人给人一种精明强干、能够适应市场的变化的印象，但他还是给父母和朋友们带来了许多的疑问，人们都认为他不具备创业的资格。

多年前，有这样一个其貌不扬的年轻人，他叫李明，他想创办一个公司，通过自己的努力改变自己的人生命运。可是他缺乏资金，也没有专业人才帮助，唯一的经过一年的创业之后，他终于取得新的发展。他的公司无论是在市场份额，还是在人员规模上都有了新的变化。当人们问起是什么

因素使他取得这样的发展时，他坦然一笑说："是我的热情，因为在我的每一步发展中，我都抱有极大的热情。我将自己的每一份精力都倾注到我的创业过程中，在每一天，无论在我身上发生什么样的困难，我都会以热情来对待，于是使我感到无比的快乐。"

李函的成绩是50%的热情加50%的勤奋换来的，只要你来到他所领导的公司，你也会被他的热情所感染。用李函的话来说就是："热情是一股力量，它和信心一起将逆境、失败和暂时的挫折转变成为行动。借着这股热情，你可以将任何消极表现和经验转变成积极表现和经验。"

在我上高中的时候，我有一位同学叫赵磊，他一心想当播音主持人。但是，我这个同学从小就口吃得厉害，只要听一听他平日的谈话就知道，他要实现当主持人的梦想是一件比登天还难的事。人们都认为他要当节目主持人无疑是白日做梦，而且从来就没有一个人去鼓励他，也包括我在内。

然而，赵磊并不是一个被打击之后就停止不前的人。他从书上读到古希腊的一位著名演说家的故事，这位演说家原来和赵磊一样有口吃的毛病，但他通过在口里含一粒石子，

到海边面对滚滚的浪涛练习说话，终于矫正了这缺陷。看到这个故事之后，赵磊受到了启发。恰好他家附近有一个湖，这个湖碧波荡漾，波光粼粼，每天还能看到从湖面一掠而过的野鸭。在这样的环境里，赵磊也学起了这个古希腊的演说家，他每天从湖边捡一块正好适合自己练习的石子含在嘴里去练习。经过两年苦练之后，他最终改掉了口吃的毛病，赵磊终于如愿以偿地实现了他的梦想。后来，当北京电视台的记者采访他时，他在一次讲课中，这样说道："热情从获得某种渴望的结果的愿望开始。每次我开始一项新的计划，无论是为电视节目编剧或为某项新展品作推广活动，我心里都会有某种希望实现的愿望或梦想。转化梦想的流程的第一步是清楚而明确地界定你的梦想并且写下来。当时你也许不了解，不过当你把确定的梦想写下来之后，你就得把对那个梦想的热情存放在心中。接下来要拥有的就是希望。希望并非只是一种愿望。它不是一种空洞甜蜜的感觉。希望是诚挚地去期待某个所预期的结果。对这个期待越有信心，或所预见的结果越有可能，希望就越大。把你已经开始的梦想化为具体的目标，把具体的目标化为步骤，把步骤再化为任务，会提高你对自己能力的信心，以达成你所预见的结果。这个流

程把你对那个愿望或梦想的希望注入你的心中。而希望这个
"爆炸性的"成分为一个人的热情增添了真正的动力。

最后，当你要达成目标去完成各种任务以及把梦想转化
为现实的时候，你将体味到满足与喜悦。当你经历过这种满
足与喜悦后，它将进一步增加你对追求更高成就的热情。这
是一种滚雪球效应，更多的成就产生更多的喜悦，更多的喜
悦产生更多的热情，更多的热情产生更多的成就，更多的成
就又产生更多的喜悦。因此，虽然一开始你的热情、喜悦与
成就可能是一个小雪球，但是在它滚到山底之后，它将变得
巨大无比。所以，转化梦想的流程不只是一个把梦想化为事
实的工具，它也是一座"处理厂"，它把热情的三种必要成
分注入你的心中：愿望、希望与喜悦。

可见，热忱与对事业的执着追求，使赵磊不仅改变了自
己的缺点，还成就了赵磊一生的辉煌。同时，从他的身上我们
也真正地感受到：无论我们现在的工作是多么微不足道，只要
我们能以自己的工作为荣，用进取不止的认真态度、火焰似的
热忱、主动努力的精神去工作，那么，用不了多久我们就会从
平凡的工作岗位上脱颖而出，崭露头角。甚至，这种以工作为
荣、积极主动的精神会帮助我们取得更辉煌的成绩。

培养热情

　　用满腔的工作热情把每一份工作都做到最好，这是你得到快乐的一种途径。工作中的大部分疲劳并不是因为工作而产生的，是因为我们失去了热情，让忧虑、紧张或不快的情绪占据了主动。所以培养工作的热情是消除疲劳、获取快乐的最好办法。

　　对工作是否具有热情，这首先是一个态度问题。也就是说，诚然自己愿意从事的工作会让你具有热情，但那些自己不喜欢的工作也并非不能激发出你的热情来，只要你培养了热情的态度。而这，也是做任何事情的必要条件。许多人对现在正从事

的工作感觉到棘手甚至难以解决，并非是因为事情有多么难办，而是因为他们缺乏热情的态度。因此，要想让自己在工作中得心应手，并取得骄人的成绩，最迫切的就是培养起热情的态度，并在热情的引导下去处理那些你最不感兴趣的事。

俄亥俄州克里夫兰市的史坦·诺瓦克下班回到家里，发现他最小的儿子提姆又哭又叫地猛踢客厅的墙壁。小提姆过10天就要开始上幼儿园了，他不愿意去，就这样以示抗议。按照史坦平时的作风，他会把孩子赶回自己的卧室去，让孩子一个人在里面，并且告诉孩子他最好还是听话去上幼儿园。由于已了解这种做法并不能使孩子欢欢喜喜地去幼儿园，史坦决定运用刚学到的知识：热情是一种重要的力量。

他坐下来想："如果我是提姆的话，我怎么样才会乐意去上幼儿园？"他和太太列出所有提姆在幼儿园里可能会做的趣事，例如画画、唱歌、交新朋友，等等。然后他们就开始行动，史坦对这次行动做了生动的描绘："我们都在饭厅桌子上画起画来，我太太、另一个儿子鲍布和我自己，都觉得很有趣。没有多久，提姆就来偷看我们究竟在做什么事，接着表示他也要画。'不行，你得先上幼儿园去学习怎样

画。'我鼓起了全部热情，以他能够听懂的话，说出他在幼儿园中可能会得到的乐趣。第二天早晨，我起床后发现提姆坐在客厅的椅子上睡着了。'你怎么睡在这里呢？'我问。'我等着去上幼儿园，我不想迟到。'我们全家的热情已经鼓起了提姆心里对上幼儿园的渴望，而这一点是讨论或威胁、怒骂都不可能做到的。"

　　同样一份工作，同样由你来干，有热情和没有热情，效果是截然不同的。前者使你变得有活力，工作干得有声有色，创造出许多辉煌的业绩。后者使你变得懒散，对工作冷漠处之，当然就不会有什么发明创造，潜在能力也无所发挥——你不关心别人，别人也不会关心你；你自己垂头丧气，别人自然对你丧失信心；你成为公司里可有可无的人，你也就等于取消了自己继续从事这份职业的资格。可见，培养热情是竞争中至关重要的竞争力。

　　那么，我们该如何培养起自己的热情态度呢？

　　（1）制订一个明确的目标。

　　（2）清楚地写出你的目标、达到目标的计划以及为了达到目标你愿意付出的代价。

　　（3）用强烈的欲望作为达到目标的后盾，使欲望变得狂

热，让它成为你脑子中最重要的一件事。

（4）立即执行你的计划。

（5）正确而且坚定地照着计划去做。

（6）如果你遭遇到失败，应再仔细地研究一下计划，必要时应加以修改，别因为失败就变更计划。

（7）断绝使你失去愉悦心情以及对你采取反对态度者的关系，务必使自己保持乐观。

（8）切勿在过完一天之后才发现一无所获。你应将热情培养成一种习惯，而习惯需要不断地收起。

（9）必须以达到既定目标的态度来推销自己，自我暗示是培养热情的有力力量。

（10）随时保持积极的心态。在充满恐惧、嫉妒、贪婪、怀疑、报复、仇恨、无耐性和拖延的世界里不可能出现热情，它需要积极的思想和态度。

热情属于人的一种意识状态，当人处在这样的一种状态之下时，就能够使整个身心都充满活力，并采取积极的行动，进而使工作与生活不再显得辛苦、单调。另外，热情还可以感染到每个和你有接触的人，让他们与你一起共同奋斗，创造美好未来。

　　事实上，一个热情的人，等于是有神在他的心里。热情也就是内心的光辉———一种炙热的、精神的特质，如果将这种特质注入我们的奋斗之中，那么我们无论面对什么样的困难都将所向披靡，战无不胜。

　　拥有热情，你就可以用更高的效率、更彻底的付出做好每一件事，你会觉得你所从事的工作是一项神圣的天职，你将以浓厚的兴趣，倾注自己所有的心血把它做到最好；拥有热情，你就会敏感地捕捉到生活中每一点幸福的火花，体验快乐生活的真谛；拥有热情，你会以宽广的胸怀获得真诚的友谊，用你的爱心、你的关怀、你的胸襟创造和谐的人际关系；拥有热情，你就会以更加积极的态度面对生活，以高昂的斗志迎接生活中的每一次挑战与考验，以不屈的奋斗向自己的目标冲刺，用热情之火将自己锻造成一座不倒的丰碑。

　　所以，热情是点燃生命的火种，热情是照亮前程的心灯。激荡内心澎湃的热情方能绽放出光彩绚丽的人生！

热情是工作的灵魂

热情是一种发自于内心，又深入内心的意志精神力量。它能将内心热烈的感觉表现到表面来，因此，当你对工作满怀热情的时候，工作就能吸引你的注意力，让你陶醉于工作之中。从这个层面上来说，热情是工作的灵魂。一个对工作没有热情的人，他就不能把自己的注意力集中在工作上，于是更多的时候，他会像一个游离物一样，找不到自己的立足点，也就不可能做出什么成绩。

要肯定生命，即使在你人生最惨淡的时候。凡是有生命的物体都在伸张自己的生命意志，生命哲学家尼采、柏格森等认为，生命的本质就是激昂向上、充满创造冲动的意志。因此，拥有生命的我们，一定要使生命充满活力和热情，要使工作充满热情和欢乐。

热情是个性的原动力。没有它，你所拥有的任何能力都难以发挥。我们可以毫不犹豫地说，人人身上都有许多尚未开发的领域。或许你有学问，有正确的判断力，有严密的推理能力，有惊人的综合力，不过，你一定要全身心地投入思考和行动之中，否则没有一个人，会知道自己是一个怎么样的人。

我们欣赏那些满腔热情地投入工作，将工作看作是人生的快乐和荣耀的人。热情是战胜所有困难的强大力量，它使你全身所有的神经都处于兴奋状态，为实现你梦寐以求的事，它不能容忍任何有碍于实现既定目标的干扰。

热情是可以借分享来复制的，而且不影响其原有的程度，它是一项分给别人之后反而会增加的资产。你付出的越多，得到的也会越多。生命中最伟大的奖励并不是来自财富的积累，而是由热情带来的精神上的满足。当你兴致勃勃地工作，并努力使自己的老板和客户满意时，你所获得的利益就会增加。

你的言行中的热情是一种神奇的要素，它足以吸引你的老板、同事、客户和任何具有影响力的人，它是你工作成功的关键要素。

如果你不能全身心地、满腔热情地投入工作中去，那么无论你做什么工作，都可能会沦为平庸之辈。你无法在人类历史上留下任何印记：做事马马虎虎，只会在庸庸碌碌中了却此生。

一次，当一位记者问美国中央铁路公司总裁佛里德利·威尔森是如何在事业上取得成功的，他作出了这样的回答："一路走来，我经过了许多风雨，个人的成功与失败，知识、经验方面的差异并不大。我认为，一个人的经验愈多，对事业就愈认真，这是一般人容易忽略的成功秘诀。成功者和失败者的聪明才智相差都不大。在这种情况下，只有对工作富有热情的人，才比较容易成功。一个不具备实力而富有热情的人，与一个虽然具有实力但不具有热情的人相比，前者的成功机会多于后者。"

"失去了热情，就损伤了灵魂。"每一个致力于成功的人，都应该牢记这句话。在各种成功素质中，居于首位的，应该就是热情。

　　没有热情的军队是打不了胜仗的，没有热情的公务员不可能处理随时发生的公共事务，没有热情的商人也不会到世界各地去做生意。热情，是所有伟大成就取得过程中最具有活力的因素。最好的劳动成果总是由头脑聪明并具有工作热情的人完成的。在一家大公司里，那些吊儿郎当的老职员们嘲笑一位年轻同事的工作热情，因为这个职位低下的年轻人做了许多自己职责范围以外的工作。然而不久他就从所有的雇员中脱颖而出，当上了部门经理，进入了公司的管理层，令那些嘲笑他的人瞠目结舌。

　　可以说，一个对工作充满热情的人，无论从事什么样的工作，都会认为自己的工作是一项神圣的天职，并怀着深切的兴趣，不管遇到的困难有多么艰巨，他都会始终如一地用热情和负责任的态度去进行。而一旦抱有了这样的一种态度，任何人都将有获取成功的机会。

　　爱默生说过这样一段话："有史以来，没有任何一项伟大事业不是因为热情而成功的。"事实确实如此，爱默生的话正是迈向事业成功之路的指针。

　　成功与其说是取决于人的才能，不如说取决于人的热情。热情，使我们的生命更有活力；热情，使我们的意志更

坚强。不要畏惧热情，如果有人愿意以半怜悯半轻视的语调把你称为狂热分子，那么就让他这么说吧。源源不断的热情，使你永葆青春，让你的心中永远充满阳光。让我们牢记这样的话："用你的所有，换取你工作上的满腔热情。"

工作需要投入热情

　　同样的工作怀着不同的心态去做，得到的结果也会不同。满怀激情地投入工作会把不利的情况变得一片大好，而那些怀着消极心态或没有热情地投入工作中的人，他们在有利的情况下也很可能会变成不乐观的情况。

　　热情是一把烈火，它可以燃烧起成功的希望。任何一个人要想获取成功的希望，必须将梦想转化为有价值的行动，并投入热情地发展和推销自己的才能。

　　在企业里，任何一位高层都必须是一位怀有极高热情的人，只有这样才算是一位合格的高层领导。

　　任何一位高层领导都有繁多的工作。人不是神，你虽然贵为高层主管，也不可能什么工作都能胜任。在某些工作上，也许你的员工会比你做得更好；在某些方面，你的员工比你更出色。作为一名高层领导者，你必须在其职尽其责。你已经处在领导的位置上，所以，你必须领导，必须管理。在这种情况下，你需要如何去做呢？在做的过程中什么最重要呢？投入热情地工作，是任何领导、员工都必须具备的。作为高层领导，你需要对所在部门的经营比任何人都热心。在很多时候，一位高层领导的知识、才能、学历可能都没有部下高，因为部下优秀者太多。但是，你比他们出色的地方是你的热情，这是部下不如你的地方，当你热情很高时，大家都会行动起来。这样，你就是一名合格的高层领导了。

　　作为一个企业老板，热情更加重要。如果你是一位各方面都优于他人的老板，这一定是无可挑剔的。一个有知识、有专业技术、有才能的人当然是最理想的人才。但是，这种人才少之又少，也许不存在。

　　一位企业老板说过这样一段话："从创业开始到现在，我的个人能力都没能提高多少，学历、知识、专业技术，我都比不上企业里的大部分员工。但是，作为一个企业的老

板，我对事业的热情不亚于任何人，我能用热情的能力去感化任何一位员工，使他们发挥所有的力量投入工作中。正因为这样，我的企业发展得很好。"

即使智慧、才华远远优于他人的老板，如果没有热情，那么，你的部下也很难产生积极、负责的情绪，这样，所有的智慧和才华都等于零。相反地，你其他的方面哪怕什么也不具备，但是对于经营企业具备高度的热情，员工也会有智慧出智慧，有力量出力量，直到把事情做好为止。

对工作充满热情，对于任何希望成功的人来说，都是必须具备的条件。

无论未来从事什么样的工作，如果你能够对自己的工作充满热情，那么，你就不会为自己的前途而操心了。因为，在这个世界上散漫、粗心的人到处都有，而对自己的工作善始善终、充满热情的人却少之又少。

成功学大师卡耐基认为，对工作充满热情的人，具有无穷的力量。

"人在一生中之所以能够成功，最重要的因素就是对自己每天的工作抱着热情的态度。"这句话是《工作的兴奋》的作者威廉·费尔波说的。威廉·费尔波是耶鲁大学最著名

而且最受欢迎的教授，他还说过："对我来说，教书凌驾于一切技术或职业之上。如果有热情这回事，这就是热情了。我爱好教书，如画家爱好画画、歌手爱好唱歌一样。

　　任何一位企业老板，都喜欢那些富有工作热情的员工。亨利·福特说过："我喜欢具有热情的员工。他热情，就会使顾客热情起来，于是生意就做成了。"

　　所以，凡是具有必需的才气，有着可能实现的目标，并且具有极大热情的人，做任何事都会有所收获，不论在物质上或精神上都一样。

第三章

提高个人能力

像老板一样思考问题

　　像老板那样思考，才能像老板那样做事，像老板那样拥有辉煌的事业。

　　要做老板，必须有老板一样的头脑，以老板那样的方式考虑问题，解决问题。不同的思维方式会产生不同的结果，这也就是一个人成功与失败的最大原因。

　　下面的故事很好地说明了思维方式不同而导致的不同结果。

　　在没有鞋子以前，人们都是赤着双脚走路，这在现在看来很不可思议，但在当时人们都已经习以为常。尽管人们

刚开始赤脚走路时双脚硌得生疼，但时间长了脚底长满了老茧，也就习惯了这种生活方式。

当时，上至国王，下至平民，无一不是赤脚而行，人们按照这种方式生活了一辈又一辈。

有一位年轻的国王很喜欢游山玩水，一天，他忽然心血来潮，想要到那些偏远的山村旅行。他兴致勃勃地上路，结果走到半路，道路崎岖不平，遍地碎石子，硌得国王双脚疼痛难忍，便生气地败兴而归。回去后，他想以后再也不去这个鬼地方了。但是人们说那里实在风景秀美，怎么办呢？爱玩的国王不想放弃这个游玩的好地方，于是他左思右想，希望可以想到一个好办法。他一边揉着青紫的双脚，一边思索。很快，他想到了一个好办法，于是他很得意地下了一道圣旨："把通往那个山村的路都给我用牛皮铺起来！"当时，很多大臣都无法相信自己的耳朵，"国王是不是疯了？怎么想到这个奇怪的点子？"很快，就有一些胆大的大臣给国王上书，指出这种方法劳民伤财，有悖常理。他们说就是把全国的牛都杀掉，也不够用来铺路。

　　这些上书国王一点都不理睬，开始大肆动工铺这条山路，老百姓都摇头叹息，但也没有什么办法。这时，国王的贴身随从终于忍不住开口向国王进言："您与其劳师动众牺牲那么多牛，何不用两小片牛皮包住您的双脚呢？"国王听了这话想要发火，但仔细想想觉得也有理，就吩咐人这样做了，于是世界上第一双皮鞋问世了。

　　国王是一国之王，虽然他的想法很好，却有悖常情。而随从的想法就比较符合实际。不同的思考方式，产生不同的想法、不同的结果。所以，思考对一个人的行动有着巨大的影响。

　　员工与老板的最大不同就是想问题的角度不同。员工考虑问题是站在员工的角度，而老板则是站在老板的角度。这种差别造成了不同的结果。就像一片星空，诗人想到的是浪漫，海员想到的是方向，星空依旧是那个星空，却因为人的不同而被赋予了不同的内涵。员工和老板的差距就在这里，同一件事不同的人去思考，就会产生不同的解决方法。要想成为老板，就要像老板那样思考。

　　老板思考问题往往从长远、从大局出发，他们不局限于目前的小利，而是放眼未来。他们敢想敢为，敢于冒险，敢

于竞争；他们积极乐观，思维敏捷；他们宽容大方，不拘小节。如果你也能像老板那样思考，那样处事，那么你就能更快地完善自己，就有可能当上老板。

像老板一样思考，你就能更全面地了解你老板的内心世界，清楚他的做事风格，明白其希望达到的目标，同时还可以站在老板的位置上换位思考，这样做有利于你处理好与老板的关系，不致产生误会和分歧，从而减少很多不必要的麻烦。

只有像老板一样思考，你才能更深刻地感觉到老板的过人之处，才能对他们在创业的道路上经受的挫折有一个比较全面的认识，才能体会到他们创业的不易。同时，像老板一样思考，你才能获得更多意想不到的收获，才能有更广阔的视野。

有的员工总是无法理解老板的做法，不明白老板的想法，认为他们不可理喻，不近人情，不讲道理。其实，如果以后你做了老板，你也会这样做。每个老板都是站在公司的大局考虑问题，他们要考虑公司的盈利、开支，因此，在平时的管理上，他们肯定会将这些作为重点来抓。因此，老板希望员工努力工作，以换取更多的利润；同时，他们希望员工节约开销，也是为了获得更多的利润；而且他们还希望员

工的待遇越低越好，这也是为了节省成本。但是作为员工对这些就不能理解，他们认为是老板太过小气，没有大家风范。其实，再大的公司、再好的待遇也是相对而言的，每一个老板的心理都是相通的，他们永远站在他们的位置上考虑问题。你所要做的只能是努力工作，以实际行动来证明自己的实力，从而开创自己的事业。

像老板一样思考，才能将自己的工作做得更好，才能逐步向老板的位子靠近。

不甘平庸

1897年，意大利经济学者帕累托调查发现：19世纪英国人的财富分配呈现一种不平衡的模式，大部分的社会财富，都流向了少数人手里。

帕累托从研究中归纳出这样一个结论：如果20％的人拥有80％的财富，那么就可以预测，10％的人将拥有约65％的财富，而50％的财富，是由5％的人所拥有的。

因此，80/20成了这种不平衡关系的简称，不管结果是否恰好是80/20，都说明了一个极其重要的社会现象，那就是，多数财富掌握在少数人手里，世界上80%的财富被20%的人占有。这就是著名的"二八定律"，也有的称为"帕累托法则、帕累托定律、80/20法则、80/20定律、二八法则、最省力法则、不平衡原则"等。

二八定律已经被世人承认，因为事实也是如此，从中我们可以总结出这样一个结论：那些成功的20%的人之所以取得成功，是因为他们往往具有超出常人80%的精神——不甘平庸。他们不甘平庸，因此他们付出了多于常人80%的努力，他们也就成了那20%中的成功者。

1872年，威廉·奥斯拉从医科大学毕业，但是当时就业形势并不乐观，像他那样学医学专业的人，一年有好几千，在这样残酷的择业竞争中，想要争取到一个好的工作职位就像千军万马过独木桥，难上加难。

当时，没有一家著名的医院录用他，这使他陷入了迷茫的境地。

后来，他只能到一家效益不怎么好的医院去工作。但是不久，他就从最低层的实习医生晋升到了著名的科室主任，因为他工作非常出色，后来，他又创立了世界驰名的约翰·霍普金斯医学院。

在谈到当时他选择这家医院的原因时，威廉·奥斯拉说："成功并不在于外在的条件，而全在于这个人是否争取上进。如果一个人没有上进心，即使把他放在最好的单位里去，他也不会做出什么大的成就来。相反，如果一个人不甘平庸，有着强烈的追求成功的渴望，那么即使把他放在最差的职位上，他也能做出一番大事来。"

人的能力有大小，但是只要不甘平庸，有奋发向上的竞争意识，那么每个人都有机会获得成功。事实上，每个公司都为那些积极进取并且努力工作的人提供了事业成功的机会。

有一个小男孩家境贫寒，从小便开始在外流浪。渐渐地，他跟一个每天都到街上卖气球的老人熟悉了。老人以在街上卖气球为生，每当生意不好的时候，他总要放飞一个气球，以此来激励自己，吸引顾客。

有一次，小男孩问他："黑色气球也会飞吗？"老人说："孩子，气球会不会飞，不在于它是什么颜色，而在于它心中是否有升腾之气！"小男孩听了老人的话，若有所思。后来，他结束流浪生涯，开始到作坊里面做工，很快，他就拥有了一技之长。若干年后，他自己开了一家小店，生

意兴隆，他从此过上了富足的生活。

你的心中有升腾之气吗？还是只有丧气、叹气、窝囊气呢？生活中最大的悲剧，不是失败，也不是困难，而是甘于平庸的心态！

其实，平庸和卓越只有一线之隔，关键就看你是否有向上的勇气，看你是想要自己的一生丰富多彩，还是庸碌无为。没有人一生下来便注定平凡，也没有人一生下来便注定卓越，不同的只是面对生活的态度。积极使人从平凡向卓越转变，消极让人从卓越向平庸转变。

有一项关于"老板如何当上老板"的调查，仅有1/2的回答显示他们当初当上老板其实很偶然，后来时间长了，他们发现做老板远比给人打工好。同时，他们还对一些普通员工进行调查，当被问到你为什么不当老板时，几乎所有人都说他们一没本钱，二没机会，而且打工打久了，也就习惯了这种生活，慢慢地就不再想做老板的事了。

有一个人，在他20岁时就定下了将来做老板的宏愿。接下来，他步入社会，发现要创业并不是件容易的事，而且他一没经验，二没资金。于是他想，现在好好工作，等有了经验再创业吧。就这样转眼又到了30岁，他仍然在给人打工，

他认为现在条件仍不成熟，而且现在他的职位升迁，待遇不错，他怕当了老板甚至还不如现在。就这样转眼又到了35岁，他想要再创业，已经没有机会了，因为他已经习惯了现在的生活，现在的他害怕承担风险，害怕失败，害怕没有退路。

人往往是习惯的俘虏，当一个人习惯了某种生活时，往往就没有勇气去改变现状，而是抱着"既来之，则安之"的思想，即使他们对自己的状况并不满意，但是因为已经习惯了，也就产生了惰性。

其实，老板并非高不可攀，只要你有做老板的意识，就可以激励自己向这个方向奋斗，而不是一直停滞不前，满足现状，不思进取。

对待工作，一是不要轻视平凡，二是不要把平凡的工作做成平庸。不要满足于尚可的工作表现，要做最好的，你才能成为不可或缺的人物。

有的人在生活中受了一次打击，经历了一点风雨，就失魂落魄，一蹶不振，失去了奋斗的力量和信心，甘愿从此庸碌一生。其实，失败了没什么可怕，可怕的是你连尝试的勇气都没有，平庸地过一生。

想要拥有卓越人生，就必须首先抛弃甘于平庸的想法。

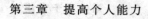

不管你现在是个普普通通的员工，还是一个小有成就的老板，都需要有更上一层楼的勇气，有不甘平庸的决心。不甘平庸才能成就美好未来。

拥有强大的信念

什么样的信念决定什么样的人生。这句话并不是危言耸听，只是通过它来传递一种希望。希望那些失败的人、正在奋斗的人、想获取大事业的人能够更好地在社会中肯定自己，让自己在精神上立于不败之地。

罗曼·罗兰说："没有信念，就没有脊梁骨。"信念，是决定我们的命运的一种精神力量。拥有信念就意味着我们对所从事的事坚信不疑，意味着我们自己强大的决心，也意味着我们对自己的人生完全负责。

"世间任何事都可以改变，只要你拥有要改变它的信念

就一定能成功。"这是我常常说的一句话。

任何人都想自己的生活能越来越好，至少比现在更好些、更快乐些。然而，改变现状让你达成目标的根本动力就是信念，信念能让你越过一道又一道坎坷的鸿沟，让你拼搏奋斗。有一部分人常常把"知足者常乐"的处世格言挂在嘴边，其实，他们只是在为自己无力改变现状而找借口罢了。

美国第三十七届总统罗斯福是美国上唯一一位连任四届总统的人。可是有多少人知道罗斯福在39岁时患了小儿麻痹症、双脚僵直、肌肉萎缩、臀部以下全都麻痹了？那时，罗斯福的亲友们都对他失去了信心，因为他作为民主党的副总统候选人参加竞选失败也正是这个时候。这种沉重的打击对于别人来说是致命的，但是罗斯福总统那不屈服于命运的坚强意志使他比以前任何时候都更加坚强。他不相信这种小孩子的病能打败他。为了活动四肢，他经常练习爬行；为了激励自己的意志，他把家里人都叫来看他爬行，甚至还把自己刚学会走路的儿子也叫来和他进行比赛，每一次下来，罗斯福都累得气喘吁吁。亲人看着罗斯福那催人泪下的场面都心如刀绞，可是谁又能想到他能在未来的日子里当选美国第

三十七届总统呢？

　　罗斯福总统的故事正好应验了那位震撼世界的科西嘉人所说的一句话："不可能这个词只在庸人的词典里才有。"

　　对于一位在摔跤、滑水、游泳、掷铁饼、掷标枪和田径赛等体育项目中获得了全国和国际性比赛共计一百多枚金牌的人，很多人可能都认为，这个运动员一定是一个健全而高大的人。有谁会相信他两岁半时双眼就失明了呢？

　　事实确实如此，这位运动员两岁半时双眼就失明，而他在母亲的鼓励和父亲的帮助下，以自己身体的各个部分的"肌肉记忆"代替了那双明亮的眼睛，经过多次的努力、奋斗，他创造了许多健全者都难以做到的奇迹，也改变了盲人只能靠拐杖生活的惯例，这位运动员就是麦克法兰。

　　像罗斯福总统和麦克法兰这样的例子还有很多，他们的成功都有一个同共的特点：一切的成功都是从不可能开始的。这也是信念的力量。

　　每个人的信念都源自于自己的内心，但是，燃烧起自己内心的那点火花，往往是靠与别人的摩擦才产生的。

　　我们每个人来到世上都是一样的，只是出身的环境有

富有贫，可是在生命结束的时候，出身富贵的人可能落魄而终，而出身贫寒的人却风风光光。这是为什么呢？贫寒的人通过奋斗得到了自己想要的，而那些出身富贵的人却安于现状，到头来一事无成。这种现象就是我们内心信念的强弱所产生的结果。

坚强的信念能使一个平庸的人有所成就，然而一个平庸的人最缺乏的也是信念。所以当我们点燃了信念的导火索后，就会爆发出前所未有的力量，这种力量会使我们造就无数的奇迹、辉煌。

一个人拥有什么样的信念就能拥有什么样的人生。当你怀有积极、坚强的信念时，往往会有种无形的力量让你亢奋不已，而那些失去了信念的人则刚好相反，他们会把所有的不好都集中于自己身上。

诺贝尔化学奖的获得者之一奥托·瓦拉赫，他的成功历程非常有戏剧性。他从选择文学，到油画，然后再到机械，可是他都没有这些方面的天赋。在这种情况下，许多老师都认为奥托·瓦拉赫成才无望，连他自己都失去了信心。但是奥托·瓦拉赫遇到了他的化学老师，他的化学老师认为他很有这方面的天赋，无奈之下父母接受了这个建议。这次

奥托·瓦拉赫找到了自己的天赋，他的智慧火花在化学方面得到闪现。正是因为老师的鼓励使他树立了坚强的信念，他的获奖也证明了一句话："么样的信念，就有什么样的人生。"

没有什么力量能操纵你的命运，除了你自己。所以，个人信念的力量是无穷的，在我们拥有积极坚定信念的同时，我们还要不失时机地去体贴别人，让别人也树立信念，这样世界才会变得更加美好，自己的生活也会变得更美满幸福。

负起责任，是你应该做到的

美国独立企业联盟主席杰克·法里斯在少年时曾有过这样一段经历：

那年他13岁，在父母开的加油站工作。那个加油站有三个加油泵、两条修车地沟和一间打蜡房。法里斯本意是去那里学修车，可父母却让他在前台接待顾客。

每当有汽车开进加油站时，法里斯必须抢先在车子停稳之前就站到司机门前，然后忙着去检查油量、蓄电池、传送带、胶皮管和水箱。不久，法里斯发现，如果自己的态度热情、干的活儿也不错的话，大多的顾客还会再来。于是，法

里斯总是争取多干一些，比如帮助顾客擦去车身、挡风玻璃和车灯上的污渍等。

一段时间，有一位老太太每周都会开着车来加油站清洗、打蜡。只是这辆车的内地板有很深的凹陷，打扫起来很麻烦，也很费力。另外，这位老太太还是一个很难伺候的人，每次当法里斯给她把车准备好时，她都要自己再仔细地检查一遍，让法里斯重新打扫，一直到清除掉车子里的每一缕棉绒和灰尘，她才会满意地开着车离去。

终于有一天，法里斯再也不能忍受下去了，当那位老太太再次开着车来到这里时，法里斯拒绝为她服务。这时，法里斯的父亲走了过来，一声不吭地帮老太太打扫干净车子。当老太太满意地离去之后，父亲对站在一旁的孩子说："孩子，记住，这是你应该做的，无论顾客说什么或者做什么，你都要记住，这是你的工作，你就应该把它做好，并以应有的礼貌去对待顾客。"

父亲的话对于法里斯的影响是深远的，以至于在多年之后他仍然如此说道："正是在加油站的工作使我学到了严格

的职业道德和应该如何对待顾客。这些东西在我以后的职业经历中起到了非常重要的作用。"

那些在工作中总是抱怨，心怀不满，为了开脱自己寻找各种借口的人；那些敷衍客户，不能尽自己最大努力满足客户要求的人；那些对待工作毫无激情，总是推卸责任，不知道反省自己的人；那些不能按时完成各种工作的人，现在最好的行动就是：端正自己的坐姿，然后大声而坚定地对自己说："这是我的工作！"

既然你选择了这个职业，选择了这个岗位，就必须尽自己的最大能力将其做好，而不应该仅仅享受它给你带来的利益和快乐。

美国前教育部长威廉·贝内特认为："工作是需要我们用生命去做的事。"因此，对于工作我们不能有丝毫的懈怠和轻视，应该怀着感激和敬畏的心情，尽自己最大的努力，争取把它做到最好。因为这是你的工作，为此而付出的努力、撒下的汗水，都是你应该做的。

高度的执行力

在非常激烈的市场竞争中，无论是哪一家公司，在制订了战略方案后都必须执行到位，这就是为什么很多世界级大公司都把执行力看得很重的原因。

曾经有一个公司的总经理在与我谈到执行力的时候，向我描述了这样一种现象：技术部早在3月就研发出一种在世界范围都处于前端的产品，可是年底此产品还未在市场上推出，反倒让竞争对手占了先机，最终连技术成本都未赚回，产品就被送入废料库了。这是多么大的损失呀！

"执行力"，顾名思义可以理解为个人、团队执行任务的能力和效率。对于企业中不同的人要完成不同的任务需要不同的具体能力，执行力严格说来包含了战略分解力、时间规划力、标准设定力、岗位行动力、过程控制力与结果评估力，是一种合成力，这六种"力"实际上是六种职业执行（做事）技能，对于企业中不同位置的个体所需要的技能需求并不完全一致。越是高层所需要的技能越全面，因此企业高层的执行技能比一般中层的执行技能和普通员工的执行技能更重要，很多人想当然地认为企业执行力不强是下属没有按照上级的意志去落实，这其实是一种误区。

直接把任务简单地抛给员工，当然不会得到有效的执行。如果管理人员把某个任务的完成标准、时间都明确了，在下属执行的过程中进行检查和协助，而下属还是完不成任务的话，只能说把任务没有交代给真正有能力去完成这件事的人，或者说他应该找更合适的人来做了，所以执行的效果关键还是看我们的管理人员是不是有计划、有目的、有组织、有领导地去完成自己应该做的事。

研究发现，那些世界级的大企业并不一定在战略规划上花费更多的时间或努力，但他们却表现出卓越的执行力。再看看那些业绩不佳的公司，就是因为他们执行能力较差才导

致了公司的成长受阻。

　　杨海东加入博跃公司已经快三年了，在这三年的过程中，他已经从一名普通的职员晋升到了这家加工企业的人力资源总监了。他虽然在博跃有了三年的工作阅历，但最近所发生的事情却让他感到为难。

　　董事长最近在和同行的总经理的交流中得知360度考核法的好处，便在回去的第一时间让杨海东推行这套考核系统："海东，我感觉我们公司的考核流于形式，大家都在评分，没有具体的量化，比如说行政部的前台文员思佳和市场部的策划文莎有着不同的工作态度，但在考核评价中她们都写着5分……事实上，上个月思佳因为三次接听电话不礼貌，致使一个大客户严重投诉我们。这个为什么在考核中未进行考虑呢？"

　　在董事长的批评和期望之中，杨海东神情况重地走出了董事长办公室。

　　过了两天，杨海东就凭着扎实的理论和实践经验，编出了一份360度考核制度及推行方案。

　　按照推行的第一步：组织六个部门经理和两个总监开会，沟通一下新考核方法的目的和指标的设定等问题。

等到开会时，只见部门经理和总监三三两两来到会议室，总算来齐了，杨海东一看手表，又延迟了15分钟，每次开会没有一次是准时的，除了董事长开会大家算比较准时外，一般都要等上几分钟，事后经杨海东调查，其他会议都是这样。

会议开始了。大家似听非听地看着杨海东在演示、比画着，生产部经理边听边拿出今天下午就要出货的订单盘算着，而财务总监则拿起手机开始给部门里的人员打电话，还不时询问一些财务数据……

在大家明白了怎么做，计划可以实施后，会议总算结束了。

在一周快要结束的星期五的工作会议上，按计划，杨海东向各部门收取部门最新更新的《职务说明书》时，又出现新问题了：

生产部和采购部提交的是和以前一模一样的，而且明明在会议上很明确地说明了有些职务发生了变更。

而财务总监则说自己忙还没有做，也不知道忙到什么时候才有空做。

　　杨海东陷入了非常被动的地步，他不知道该如何说，甚至如何做。他只有一个问题在困惑，这个问题就是：怎么就没有一个按照要求去完成呢？在等了两天仍然没有进展的情况下，杨海东终于忍无可忍了，他主动找到董事长，向董事长诉说起他的困难来。在杨海东诉说完毕之后，董事长最后说了一句："财务总监也没交？嗯，他可能比较忙，你直接追他就好了……"

　　听到董事长这样说，杨海东感到不知所措，他也只好再去追赶那遥遥无期的必需资料了。在他走出董事长办公室的时候，他只是自言自语地说了一句话："为什么会这样呢？"

　　"为什么会这样呢？"这是一句多么无奈的结束语呀！像这样的话题，我想不只是发生在杨海东的身上，在任何一个执行力较差的公司里都可能出现。这说明了企业制订的规章制度和战略计划无法运行或与预期效果差了很远，执行力不强成为制约企业发展的瓶颈。

健康的执行心态

　　有人说过，如果不能执行的话，领导者的所有其他工作都会变成一纸空文或一场空谈。也有人断言，企业间的竞争，其实就是执行力的竞争。一个缺乏执行力的企业，再好的战略也是空谈。可执行力究竟怎样才能体现出最佳效果呢？这就需要我们拥有健康的执行心态。这正如一个企业负责人所说："健康的执行心态、充分利用执行工具、良好的职业角色观念、有效的执行流程，是一个企业具有高效执行力的四大基石，没有以上四点的完美组合，高效执行将无从谈起，这是一个企业高速运转的前提。"

　　靠执行力最成功的例子是沃尔玛。在沃尔玛的高层领导者看来，只有执行力才能使企业创造出实质的价值，失去执行力，就失去了企业长久生存和成功的必要条件。在企业经营与管理中，建立企业的愿景、战略与计划以及强调对人力资源、财务资源和实物资源的管理固然重要，但如何将这些管理的重要方面有效地连接和整合起来，可能才是企业真正在竞争中取胜的根本保证。这种整合的能力就是目前许多优秀企业家和学者所强调的执行力。

　　健康的执行心态是受多种因素所影响的。我们把它归结为以下八种态度。

　　（1）主动。没有成功会自动送上门来，也没有幸福会自动降临到一个人身上。这个世界上所有美好的东西都需要我们主动去争取。婚姻如此，财富如此，快乐如此，健康如此，友谊如此，学习如此，机会如此，时间如此，工作如此……天上绝对不会掉下馅饼。除非主动去争取，没有一样东西你可以轻易得到。在公司里，如果你想有好的人际关系，你就必须选择主动问候；如果你想受人欢迎，你就必须主动承担责任；如果你想有机会晋升，你就必须主动争取任务；如果你想提高自己的演讲能力，你就必须主动发言；如

果你想要在工作中取得成就，就要主动地工作。

（2）绝不拖延。世界上最不费力的事就是拖延时间。大多数失败者犯的致命性错误就在于此，再没有什么比拖延更能耗费宝贵的生命了。有人统计过，失败的数十种因素中，拖延位居前三名。对成功来说，拖延最具破坏性，是最危险的习惯。拖延的表现是什么？就是今天的事明天做，现在的事以后做，自己的事等待别人做，能做的事一直拖着不做，而且，总是能为自己找到理由。拖延和懒惰是兄弟，两者总是同时出现。有句古话：业精于勤，荒于嬉。拖延和懒惰只会带你坠入贫穷的深渊。拖延的反面是什么？就是马上行动。所以，如果你有拖延的恶习，克服的方法只有一个：马上行动。

（3）无过心态。就是在执行的过程中要尽量地减少过错。执行要避免失败，注意竞争对手，绝对不能我行我素，而要步步为营，保持进展。微软总裁鲍尔默始终保持了一种如履薄冰的心境，他说："因为市场不给你犯错误的机会，也不给你改正错误的时间。"

（4）弃疑心态。就是放弃疑问，把疑惑不清的事情弄清楚，也就是说，执行者在执行的过程中，要形成专业的精

神、不懂就问的精神，把疑惑的问题都搞清楚，使自己的专业更专业。

（5）坚忍心态。所有的工作没有捷径，只有苦干。只有具备永不言败、永不放弃的心态，面对困难时才不会退缩。在执行的过程中，只有团队成员有了成功的愿望，有了较强的执行力，企业才不会功败垂成。

（6）责任心态。也就是员工具备将手边的工作努力做到最好的心态。这是所有成功者总结他们之所以成功的原因中占首位的因素。可能当我们看到一个人在一个很高的职位上取得了很高的成就时，都会说这样一句话：在其位，谋其政。也只有具备责任心才能很好的完成上司的指示和命令。

（7）激情心态。强大的执行力来自强烈的成功心态，也就是企业的工作人员要具有激情心态。在企业里，员工们只有对自己的工作满怀激情，才可能把事情做好，形成执行力。作家拉尔夫·爱默生说："激情像糨糊一样，可让你在艰难困苦的场合里紧紧地把自己黏在这里，坚持到底。它是在别人说你'不行'时，发自内心的、有力的声音——'我行'。"

（8）勤奋心态。因为勤奋就是一个实施行为的过程。但

是，这个过程又受我们的思想所支配，在一个企业组织里，在大部分员工的思想深处，他们可能会说："勤奋，干吗要勤奋，老板就给了我那么一点儿工资，我怎么勤奋得起来？给多少钱，就做多少事。勤奋？除非他们傻。"以这些人的观点，我们是为工资工作的。讲到这儿，我想起有人说过的一句话：拿多少钱，做多少事，钱越拿越少；做多少事，拿多少钱，钱越拿越多。此话的确为真理。

如果你选择前者，你的钱只会越拿越少。这就是为工资工作的结果。你愿意工资越拿越少吗？如果你不愿意，我们就得首先确立对工作敬业的第一个态度是千万不要为工资而工作，而是要为了解本性、超越本性而工作，这样，我们就会无所不能。

对于这句话的理解，我们举个例子来加以证明。有人说，一个人的人生如果分为两个阶段，30岁以前和30岁以后，那么，30岁以前是用金钱买智慧，30岁以后是用智慧换取金钱。工欲善其事，必先利其器。我们就要趁自己年轻的时候，利用一切工作机会来学习、来锻炼、来提高。如果眼睛盯着的只是那么一点儿工资，那么，你的收入就永远无法得到提高。

　　如果一个人的工作目的仅是为了工资的话，那么，我可以肯定，他注定是一个平庸的人，也无法走出平庸的生活模式。所有的有心者、成功者，他们工作的目的绝不是为了那一份收入，他们看到的是工作后面的机会，工作后面的学习环境，工作后面的成长过程。当然，工作固然也是为了生计，但比生计更重要的是什么？是品格的塑造、能力的提高。疯狂英语创始人李阳最喜欢说的一句话是："只要你有三餐饭吃，你就可以把除此之外的时间和精力用于学习和提高。"

今日事今日毕

　　拖延的习惯最能损害及减低人们做事的努力。因此你应该今日事今日毕，否则可能无法做大事，也不太可能成功。所以应该经常抱着"必须把握今日去做完它，一点也不可懒惰"的想法去努力才行。歌德说："把握住现在的瞬间，把你想要完成的事物或理想，从现在开始做起。只有勇敢的人身上才会赋有天才、能力和魅力。因此，只要做下去就好，在做的历程当中，你的心态就会越来越成熟。能够有开始的话，那么，不久之后你的工作就可以顺利完成了。"

　　有些人在要开始工作时会产生不高兴的情绪，如果能把

不高兴的心情压抑下来，心态就会愈来愈成熟。而当情况好转时，就会认真地去做，这时候就已经没有什么好怕的了，而工作完成的日子也就会愈来愈近。总之一句话，必须现在就去工作才是最好的方法。

虽然只是一天的时光，也不可白白浪费。曾有一位员工在年尾受到老板忠告说："希望明年开始，你能好好认真地做下去。"可是那位打工仔却回答说："不!我要从今天开始就好好地认真工作。"虽然告诉你明年，其实就是要你现在开始的意思。不从今天而从明天才开始，好像也不错，但比较起来还是要有"就从今天开始"的精神才是最好的。

凡事都留待明天处理的态度就是拖延，这不但是阻碍进步的恶习，也会加深生活的压力。对某些人而言，拖延是一种心病，它使人生充满了挫折、不满与失落感。

虽然大多数人拖延的主要原因只有一个，那就是害怕失败。但是喜欢拖延的人总是有许多借口：工作太无聊、太辛苦、工作环境不好、老板脑筋有问题、完成期限太紧，等等。所以，从现在起就下定决心、洗心革面。拿支笔来，将底下对你最有用的建议画条线，并且把这些建议写到另一张纸上，再将它放在你触目可及的地方，如此可有助你完成改

革行动。

（1）列出你立即可做的事。从最简单、用很少的时间就可完成的事开始。

（2）持续五分钟的热度。要求自己针对已经拖延的事项不间断地做五分钟，把闹钟设定每五分钟响一次；然后，着手利用这五分钟；时间到时，停下来休息一下，这时，可以做个深呼吸，喝口咖啡，之后，欣赏一下自己这五分钟的成绩。接下来重复这个过程，直到你不需要闹钟为止。

（3）运用切香肠的技巧。所谓切香肠的技巧，就是不要一次吃完整条香肠，最好是把它切成小片，小口小口地慢慢品尝。同样的道理也可以适用在你的工作上：先把工作分成几个小部分，分别详列在纸上，然后把每一部分再细分为几个步骤，使得每一个步骤都可在一个工作日之内完成。每次开始一个新的步骤时，不到完成，绝不离开工作区域。如果一定要中断的话，最好是在工作告一个段落时，使得工作容易衔接。不论你是完成一个步骤，或暂时中断工作，记住要对已完成的工作给自己一些奖励。

（4）把工作的情况告诉别人。让关心这份工作的人知道你的进度和预定完成的期限。注意"预定"这个词汇，你要

避免用类似"打算""希望"或"应该"等字眼来说明你的进度。因为这些字眼表示，就算你失败了，也不要别人为你沮丧。告诉别人的同时，除了会让你更能感受到期限的压力外，还能让你有听听别人看法的机会。

（5）在行事历上记下所有的工作日期。把开始日期、预定完成日期，还有其间各阶段的完成期限记下来。不要忘了切香肠的原则：分成小步骤来完成。一方面能减轻压力，另一方面还能保留推动你前进的适当压力。

（6）保持清醒。你以为闲着没事会很轻松吗？其实，这是相当累人的一种折磨。不论他们每天多么努力地决定重新开始，也不管他们用多少方法来逃避责任，该做的事，还是得做，压力不会无故消失。事实上，随着完成期限的迫近，压力反而与日俱增。所以，你千万不要拖拉，把今天的事留给明天去做，那样只会让你有更大的压力。

保持工作效率的法则

工作效率是每一个职场中人的追求，没有谁愿意将自己的时间浪费在一件事情上。为此哈佛大学教授米契尔·柯达博士总结了保持高工作效率的六大法则：

（1）培养动力。成功的第一条法则是具备动力。在考虑如何成功之前，你必须先具备做一件事的动力，它是一股积极向上的力量，是一种须朝正确方向去做事情的盼望，是积极完成既定工作目标的动力。有些人从小就有这种动力，他们一心一意地去做他们所做的每一件事，所以，他们必然会成功。另一些人只是在他们愿意或不得不去做的时候才会

尽力，这时他们身上的动力往往不足以对付一条艰难的上坡路。所以，大多数时候失败也就成了必然。

发挥动力的最佳方法应该是：把你一天的时间分割成若干小部分，先把这项完成，然后再继续做下一项。这样会帮助你加快速度，并且不断享受完成任务的轻松感。

多年前，米契尔教授也曾经总是在焦躁和恼怒的情绪中开始每天的工作。来到办公室，桌子上已是一片信海，电话铃在响，人们排着队等待会见。等到11点钟，他已被搞得过度紧张、筋疲力尽了，拼命工作了两个小时，却一件事也没做成。最后他决定，在每天一开始就尝试先完成重要的事，不管它是多么琐碎。他决定先利用第一个小时回复信件，不接电话，也不见任何人。他把这些来信视为工作的一个独立部分，重要且只能在有限的时间内做好。当他读完信，并做了回复，他便会如释重负般地呼出一口气，再继续接电话或进行会谈等工作。

（2）控制惰性。很多人之所以失败，是因为懒惰。如果让这种惰性发展下去，它将会产生一种永久的惯性。克服的办法是改变它，让消极转化为积极。

也就是说一开始你就要控制惰性，等这种控制成为习惯

时，你马上就会发现这股控制力根本是用之不竭的。记住，着手做某件事情后，就去完成它。精力在成功之中更新，而在事情的拖延之中衰败。如果在每天早晨就开始犹豫不决，那么，一整天你都会继续这种状态，之前那股活力就会逐渐消退了。

（3）顺其自然。许多人是把自己锁在与自己的日常习惯和行为相反的生活模式中来度日的，再没有比这更具有破坏力了。假如你不是一个早起的人，就不要硬把重要的工作计划安排在上午完成。如果你喜欢早睡早起，那就不如试着一大早便去实行最困难的工作。

假使你想增加自己日常工作的完成量，那就得设计一个切实可行而且行之有效的计划。但它必须是富有弹性、灵活可变的，以便让你能不时地改变工作速度。当然，你可能会不得不一次又一次地妥协，但请记住，与自己的意愿做斗争所消耗的精力越多，用于你工作中的则越少。因此，不如让自己在精神与身体都能密切合作的情况下工作，免得某一方不愿配合，让你延误了工作进度。

（4）抵制厌倦。厌倦对一个人工作效率的损伤是无法估计的。假如你陷入了烦躁之中，不妨按下列方法做个尝试：

①和自己打赌，在一天结束之前，你能完成你必须完成的工作，并记得在完成时给自己一些奖励。

②每天为自己定下一个主要目标。无论放弃其他什么事情，都要达到这个目标。

③在一星期中以某一天为忙碌日，将大部分琐碎和恼人的事都安排在那天。

④不要把每天当作时间的延续，那样会将没完成的工作延续到下一天。

有成就的人在计划他们的生命时，是着眼于每一天的成就，让每一天都有收获。这种紧迫感自然会导致全神贯注地工作。因此要学会把每一天视为一个重要且独立的时间单位，并用今天你所完成的工作来评价自己的表现，就会减少对待工作的厌恶感。

（5）记住你需要记住的。如果你想成功，就不能健忘。然而，用脑袋去记忆那些很容易写下来的东西，简直是在浪费记忆力。不如输入自己的个人计算机或PDA里，许多商务人士都用这些科技产品来解决他们业务上的琐碎事情。

帮助记忆的另一个方法是去注意你要记忆的东西。如果说有成就的人具有非凡的记忆力，那是因为他们完全地投入

他们所做的事情当中，对他们来说，记忆那些与他们兴趣相关的事实、数字和名字完全不成问题。但你首先必须找到哪些资料对你是重要的，进而作出优先选择。

（6）善于幻想。许多有成就的人承认，他们常常幻想，这些幻想刺激他们向着既定的目标前进。因此想要做的事情越多，自然能够做的也就越多。这些幻想并非只是空想，而是计划未实行前的初步构想，他们时常思考，时常让脑袋里的新鲜点子出来透气。

学会分享与协作

一个人的力量是微弱的，一群人团结在一起，才能获得 1+1＞2的效果。假如，人人都为自己的一点儿小利着想，那么，团队利益的取得也就成了神话。

有一个村子每年都要举行丰年祭来感谢上苍的眷顾，由于那年的收成特别好，因此村长决定要大肆庆祝一番以祈求来年的丰收。为了使庆典更加隆重热闹，村长在村子麦场的空地上摆了一个大得可以容纳十几个人的酒缸，要求每一户人家贡献一壶自己酿制的小米酒，好让大家有喝不完的酒，可以把酒言欢，狂欢到天明。

　　庆典开始前，每一户人家都郑重其事地把自己带来的酒倒入大酒缸中，很快就把大酒缸装满了，然后大家围着酒缸唱歌跳舞，好不快乐。到了庆典即将落幕时，村长带领众人伏地谢天，感谢上天的恩德，并舀起酒缸里的酒，人人一杯。

　　待村长念完一段酬神的祈祷文之后，大家纷纷举杯向天，然后一饮而尽。没想到酒还没喝完，大伙儿的脸色就全变了，每个人皆面有愧色，你看我，我看你，面面相觑，良久吐不出一句话来。

　　原来，每户人家所提供的都不是酒而是清水。每个人都以为在这么一大缸酒之中，用区区一壶清水充数是不会被发现的，于是大酒缸里装的满满的都是水，没有一滴酒，令原本欢乐无比的丰年祭尴尬地收场。

　　这个故事除了说明有些组织成员偷工减料、弄虚作假之外，还告诫人们，不要太自私，要拿出你最好的东西与大家分享，这样才会得到你该有的快乐。

　　组建团队就是为了高产出，只有每个成员积极参与，共同解决问题，才能保持上乘的生产率和产品质量，个人才会有更好的收益。就发展团队而言，增进交流、共同分享和改

进工作方法同样重要，这就要求团队中的每个成员都必须认真对待，而不是只在乎自己的利益。

但是，仍然有很多公司里人际关系太冷淡，缺乏团队意识。里昂刚参加工作时，他所在的公司就是一个人情冷漠的公司。同事上班顶多打个招呼后，就开始各干各的，从早上9点加班到晚上七八点，大家都懒得交流，有的人新到公司，也不与大家打招呼，进门就工作，过几天又跳槽了，走时大家连他是谁都不知道。这家公司就因为员工之间缺乏沟通，在工作中出现了一次很大的失误，结果公司因此一蹶不振。当然，这有公司领导失误的原因，但是根本原因还是员工团队意识的缺乏。

人是利益动物，趋利避害，名缰利锁，很难免俗。在职场里，因为有竞争机制的实行，也就难免有许多利益争执，但争执归争执。合作永远都是实现共同利益的有效途径。在职场，要学会欣赏他人，充分发扬每个人的长处，扬长避短，资源共享，形成合力，这样才能取得良好的效果。

一个团队其核心是由两个以上的人组成的人际关系网络，成员通过彼此互动来追求共同的目标。同事都同是整个团队的一个组成部分，工作上有着千丝万缕的联系，那么只

有保持经常通气，及时沟通情况的习惯，才可能进行有效的合作。也只有这样，才能彼此了解，互相信任，将一些不必要的误会摩擦消灭在萌芽状态。每个人都能以良好的心态对待彼此之间的竞争，相互分享合作，竞争的结果就不会是你死我活的结果，而是共赢的有利局面。

融入团队中

　　建元公司为了训练员工的协作精神做过这样一个实验：他们把员工分成了两个队，来解决队伍中的一个队员不幸食物中毒事件。解药被放在一个假设的"池塘"的中间，但是"池塘"里有一只凶猛异常的鳄鱼，人是绝对不可能进入"池塘"的，而取解药唯一的工具是一段很长的绳子。于是两个队分别展开了行动。

　　"把绳子折叠成两根，队员们两边拉直，直接用绳子去夹住杯子！"有人提议。"可是绳子这么长，拉不直呀，说不定还会把药给打翻了！看来还是要人进去！"又有人建议说。

　　听到有队员提议让人进去，教练又给大家发难了："这'池塘'里的沼气很重，为了防止拿药的人的眼睛不被熏坏，必须给他蒙上黑布!"

　　时间已过了一半。有人建议："把两根绳子平行，一个人坐在一根上，手再扶一根，两边用力拉直。"可是试了好几次，坐在绳子上的人都不能平衡。"干脆把绳子叠成三条平行线，人趴在上面过去拿应该能行。"受到刚才的办法的启发，队员们很快想到了这个办法。可是谁上呢？一个自称以前练过体操的女孩站了出来，在外面实验了两次以后，她顺利拿到"解药"，一队一举成功。15分钟以后，二队也拿到了"解药"。

　　体验完毕，每一个队员都发表了他们对此次体验的感受和意见：

　　一队认为：个人的力量是渺小的，只有团队的力量才能获得成功，没有整个团队成员的努力，我们绝对取不了"解药"。把合适的人放到合适的位置上去。让力气大的都去拉绳子，身材合适又有技能的人去拿"解药"。

二队认为：在实验中要有所突破。我们是用一个人坐在绳子上取到"解药"的，原来我们也认为不行，但是摸索熟练后还是成功了。这说明个人目标和组织目标一致是成功的重要原因。我们都有拿到"解药"的共同心愿，这也是组织的目标，所以我们会朝着共同的方向努力。

最后两个队一致认为：通过这次的活动，大家都深刻地体会到企业的发展最终靠的是全体人员积极性、主动性、创造性的发挥，每个人充分展现自己的想法，贡献自己的力量，是团队目标实现的保证。

一个企业的发展不是某一个人的事，而是全体成员的事。每个人都建立团队意识积极地融入团队中，为共同的目标而努力，是企业发展的要求也是个人实现自身价值的途径。

在登山过程中，登山队员之间以绳索相连，一旦其中一个人失足，其他运动员必须全力相救，否则，整个团队都无法继续前进。一个上千人的汽车装配厂，只要其中一组人不干工作，其产品就无法出厂。

美国劳动部的一份报告指出："团队合作是一种劳动技能，应该在学校里受到更多的重视。不管对个人在工作上的

成功，还是美国企业与国内外对手竞争的胜利，这项新技能的传授都是很有必要的。"的确如此。例如探索宇宙新奥秘需要天文学家、物理学家和电脑程序编写专家的合作；微生物学家、肿瘤学家和化学家的团队揭开了神秘的癌症之谜；诺贝尔奖越来越频繁地授予某个团队；学术论文是由多个研究者合写的……

　　如今，我们所面临的问题越来越复杂也越来越多。对于一个组织来说，在一个行业里增加收益、提升客户满意度，取得最高效率，这些都需要广泛的合作做保障。

　　所以，作为公司的一员，只有把自己融入整个公司之中，凭借整个团队的力量，才能把自己所不能完成的棘手的问题解决好。当你来到一个新的公司，你的上司很可能会分配给你一个难以完成的工作。上司这样做的目的就是要考察你的合作精神，他要知道的是你是否善于合作、善于沟通。如果你不言不语，一个人费劲地摸索，最后的结果只能是"死路"一条。明智且能获得成功的捷径就是充分利用团队的力量。

与他人配合

红杉是一种高大的植物。一般来讲，越是高大的植物，它的根应该扎得越深。但是，红杉的根只是浅浅地浮在地表而已。可是，根扎得不深的高大植物，是非常脆弱的，只要一阵大风，就能把它连根拔起，更何况红杉那么雄伟的植物呢。那么红杉为何生长得那么好呢？其原因在于红杉不是独立长在一处，红杉总是一片儿一片儿地生长，长成红杉林。大片红杉的根彼此紧密相连，一株连着一株。自然界中再大的飓风，也无法撼动几千株根部紧密相连、上千公顷的红杉林。这就是团队的力量，企业的成长就应该有这样的协助精

神，只要精神不倒，任何困难都会解决。

任何人都不可能一个人干好所有的事情。你总会需要别人的帮助。需要与别人协作。一个公司就好似一个团队，需要所有人齐心协力共同进步。一个公司就是一个团队，相互协作，达到最佳的优化组合就会让公司和每一个员工受益。否则，就很有可能全盘崩溃。

在公司中，我们不难发现那种很有才华却很不合拍的人。这样的人让公司的管理者非常头疼。一位总经理提到自己当年在某大公司做项目部主任，遇到了一个非常没有团队意识的员工时说："我的部门里有这样的一个年轻人，明明极为聪明，谈吐也非常出色，点子也非常多，但是当公司开会的时候，他从来不主动发言，你问到他头上，他也不一次把所有想法都说出来。可你要求他自己独立工作时，那些成绩又让你不得不承认他做得漂亮。他总是自以为是，而且公开宣称自己就是一个个体，不需要和他人分享自己的想法。我几次跟他谈过，一个部门的成就是大家一起创造的，在一个集体里没有与自己无关的事。可他说，不是我分内的事我为什么要替别人操心？唉，人是聪明人，就是没有团队意识。"可见这样的员工不是一个很好的员工。

　　他们的个人意识特别浓，总在一味地追求个人卓越而忽视或无视团队的成败。这样的人永远都不会是一个可以成就大业的人，只适合自己单打独斗。可是，个人的能力毕竟有限，团队中的每一个人的力量才是你创业的不竭源泉。因此，尽管他很聪明，但他的优秀就长远来看也是没有更大发展空间的。因为一根筷子很容易被折断，十根筷子则不容易被折断。

　　单枪匹马在任何工作中都不可能出彩。比如在营销团队中，营销工作是一个系统而整体的工作，光靠几个人或单方面的工作是不可能完成的，在现代整合营销传播理论中强调利用各种资源，实现最佳组合，形成最大的营销力。所以，加强团队意识的培养是提高营销队伍战斗力的重要手段。同时市场内外环境瞬息万变，营销工作的战略和战术也是动态的，需要根据环境的变化随时调整。如果只要个人英雄主义，会在一定程度上影响团队的整体创新能力和工作质量，自己也会随之受到影响。

　　张雷是一个业务员，他的销售技能和业务关系都非常好，因此他的业绩在公司里是最好的。取得成绩以后，他就开始飘飘然脱离团队了，尤其是对那些客服部人员更是指手

画脚。

　　本来这些客户服务人员非常支持张雷的工作，只要是他的客户打来的电话，客服就会马上进行售后服务。但是张雷动辄说："我给你们饭碗，没有我你们都要饿死。"要不然就是说这些客服人员服务不好，他的客户向他投诉等。客服人员对他说的话置之不理，却通过行动与他对抗。后来，凡是张雷的客户打来的电话，客户服务人员都一拖再拖。最后，这些客户打电话给张雷，并把怒火发到他的身上。由于后继服务不到位，张雷的续单率非常低，原来的客户也都让其他业务员抢走了。张雷在公司待不下去了，就只好选择辞职。

　　每一个员工的成绩都是在团队的共同资源中创建的，离开了团队就等于鱼儿脱离了大海，不再有自己的天地和空间。因此，唯我独尊的心态最要不得，否则你很容易受到同事的挤兑。在一个球队里，每个人球技参差不齐，有球技好，也有球技差的。当他们中的一个人球技很好但其他球员球技再差，他也必须与他们密切配合，否则就很难进球2004年雅典奥运会上，中国男子篮球队进入了八强，虽然全队的主力核心姚明在每场比赛中，几乎都拿到全队得分的50%以

上，但是如果队伍只有他一个人，中国队想要获胜也是不可能的。

　　所以，无论做什么事情，如果认为这个事情没有了你就一定不会成功，那么你会有了骄矜之气。即使你是主要力量，也不会赢得他人的配合。你也不会成功。你必须清楚，这个世界少了谁都一样。伟人都会成为历史，更何况我们呢？今天是一个合作化时代，无论你从事什么样的工作、处于什么样的环境，都无法脱离他人对你的支持。因此，在职业生涯中，随着竞争的日趋激烈，团队精神已经越来越重要了，因为这是一个团队的时代。无论是从公司发展还是从个人发展的角度考虑，你都不能脱离团队，而且必须融入团队中去，有很好的团队合作精神，才能取得更大的成绩。因为，每个人的能力都是有限的。每个人都有自己的长处，同时也有自己的短处，这就需要与人合作，用他人之长补自己之短。养成良好的合作习惯，才能更好地完善自己，发展自己。

要有集体意识

在动物界，群居生活的动物都有一个共同的特性，那就是团队意识至上。也许我们在中学的教科书里看到过羚羊飞渡的故事。羚羊群为了保护整个团队的生存，在遇到危险时，年老的羚羊就会主动把生的希望留给年轻的羚羊，而头羊为了整个集体的生存也许牺牲更大。这样，整个团队才有生的希望。假如羚羊群的每一个成员都没有团体意识，那么，团队的所有成员都会在很短的时间内从地球上消失。而我们所在的公司也是一个团队，每一个成员都有职责对公司的整体利益负责，这样才能保证所有人都实现共赢。

团队有特定的目标，因此，当某个个体在为这个目标奋斗的时候，他希望团队的其他成员也在努力工作。如果其他人不能为目标的实现做出贡献，就会拖累整个团队的工作进展，进而影响到个体的利益。

团队中的每一个成员都要树立团队目标至上的信念。只有整个团队的目标达到了，团队的业绩提高了，自己的才能才会得到最大限度地发挥，人生的价值才能得到最大限度地实现。因此，在日常工作中，我们要加强与团队成员的沟通与合作，充分整合各种资源，发挥自己的才能。不断增强自己的责任感和使命感，进而不断提高团队意识，服从团队的目标。

团队成员心中有了团队利益至上的意识，他们才能在工作中用另一种心态对待个人利益，积极与各个成员配合，充分发挥成员的创造性思维，在工作上不断地创新。为集体创造财富。而一个没有团队意识的员工，很难在工作中创造出卓越的成绩，即使他非常有才华，也只是团队中的一员，他成功的背后有很多起推动作用的人。如果一直都是我行我素，那他就等于离开了雁群的孤雁，没有继续发展的空间。

在自然界中，团队是自然选择的直接结果。因为人除了

发达的大脑，没有什么其他优势，无论是在速度上还是在力量上都处于劣势。为了生存，人与人之间组成了团队，以抵御强敌并获得生存的空间。于是，自然选择使人与人组合，而人与人的组合则颠覆了自然，开始主宰世界。可以说，一旦人与人组合在一起，就有了战胜一切的强大力量，所以团队意识是非常重要的。团队中常常是因为有了一个共同的目标，才有了共同的行为标准，进而才会创造不可估量的团队价值。在一个团队中，大家真正能做到精诚团结，协同作战，才能建设有极强凝聚力的公司形象。

共同的团队目标对于我们处理个人发展与公司发展关系的问题很有益处。以一种事业心来干事，也就是真正把个人的发展融入公司的发展当中去，当公司发展壮大了，你会发现自己自然而然地得到了应得的回报。

因此，不要将自己的个人利益定位于集体利益之上。集体是一个相互依存，相互竞争，同时也是一个共同发展的团队。成员之间的竞争是允许的，也是应该的。但任何人都不应该为了一己私利，置他人利益于不顾。这样不利于集体的发展，同时也不利于个人的进步。树立团队意识，在团队需要的时候让步，那是每个成员的职责所在。唯有这样，团队

才会有更大的发展空间，个人才会在团队中占有不可估量的
地位。

第四章

积极的人生态度

积极的勇气

　　汉语里的"勇气"有两层意思，一是勇往直前的气魄。夫战，勇气也。《史记·廉颇蔺相如列传》："赵惠文王十六年，廉颇为赵将伐齐，大破之，取阳晋，拜为上卿，以勇气闻于诸侯。"二是敢想敢干毫不畏惧的气概。藐视困难的勇气，廉颇以勇气闻于诸侯。勇敢是智慧和一定教养的必然结果。

　　勇气就是如果不敢去跑，就不可能赢得竞赛；如果不敢去战斗，就不可能赢得胜利。中国政论家邹韬奋说："由大智中产生大勇，由理解中加强信心，是最坚毅的大勇与最坚

强的信心。"

　　勇气是不限人的，任凭你是谁，只要你能够勇于面对自己，坦然面对天地，不恐，不惊，不怖，不惧，能够勇于献出一切，乃至于自己的性命，你便是有勇气的人，而你的精神，就是勇气！

　　拿破仑曾经说过："真正的勇气是凌晨两点的勇气！"与下午两点相比，人的精神在凌晨两点处于最低谷状态，面对事实的勇气，看问题的态度最直观。

　　当我们在凌晨考虑眼前事情的时候，就很容易产生一种悲观的情绪。人们在夜晚考虑事情总是很容易把困难放大，把问题看得很严重。

　　一天晚上，演出经理人巴纳姆焦急而又痛苦地在屋子里踱步，他的妻子问他出了什么事。他握住妻子的手，非常着急地告诉她，他正在为明天到期的债务着急。"上床吧，你这个傻家伙，"他的妻子说，"让债权人着急去。"

　　这位妻子对待债务的态度当然不值得我们去赞赏，但是，她的处事哲学应该得到我们的认同。担心是没有用的，担心会影响人处理问题的能力，到最后只能落得两手空空。我认为，她的观点是对的。这件事情成了巴纳姆的人生转折点。

生活在现代的人们就有这种"凌晨心理"，他们很少看到事物好的一面，只看到事物压抑的一面。虽然这不是他们自己的错（如果他们首先责备自己的话），可是他们毕竟失去了自己原来的位置，被赶出局了。

　　但是，如果一个人能够狠下心来，以一种英勇的气概来面对困难，他就会有惊人的发现。他会发现，只要一个人有决心，他就会有成就。如果我们愿意把面前的门打开，你就会发现里面装满了宝藏。

　　因为担心不会解决问题，只会把问题搞砸。我们没有必要在困难来临之前就去担心。我们所应该做的，是着手去解决问题。改变一下自己的思维方式，你就会有惊人的收获。

　　如果现在是凌晨两点，不要着急，放松心身，祈祷一下，问题就会解决。记住，清晨来临时，太阳就会在我们头顶上升起，我们没有必要去追赶太阳，它是不会停止散发光芒的。

人生需要勇气

丘吉尔说："勇气很有理由被当作人类德行之首，因为这种德行保证了所有其余的德行。"

莎士比亚说："假如我必须死，我会把黑暗当作新娘，把它拥抱在我的怀里。"

巴尔扎克说："我唯一能信赖的，是我的狮子般的勇气和不可战胜的从事劳动的精力。"

历史上，很多名人都将勇气视为人生的至宝！勇气是上天赠予我们的最好的羽翼！

无论何时，面对何样的境况，勇气都应该不离我们左右，这样我们才能无所畏惧，不断向前！

有两个人，他们长途跋涉去一个遥远的地方，要走过很长一段沙漠，走到中途，食物和水都没有了，他们又饿又渴。于是，其中一个人从口袋里掏出一把手枪和五颗子弹给

另一个人，并对他说："我现在去找水，否则我们非饿死在沙漠里不可，你在这待着，每隔一个小时就打一枪，我好知道你在什么地方，以免我待会会迷了路。"另一个人听了，点了点头。这样，第一个人就走了。

留下的这个人按照第一个人的话做了，每隔一个小时就打一枪。时间很快过去，枪膛里只剩下一发子弹了，可是找食物的人还没有回来。他开始着急、担心，心想，他去找水会不会死了？恐惧、害怕笼罩着他的心。终于，他忍不住了，举起手枪，用最后一颗子弹打死了自己。然而，枪声响后没多久，第一个去找食物的人就拎着食物回来了，可是这个人已经死了。

其实，只要这个人再忍耐一下，有勇气再等待一下，他就不至于死去！然而，他放弃了生的机会，因为他没有勇气！正像维吾尔族那句格言所讲的，"倘若失去了勇敢，你的生命等于交给了敌人！"

勇气，是每个人一生必备的德行。无论在什么时候，你做什么事情，缺少了勇气都是不行的！勇气是每个人内在的巨大能量，是一种自信的表现。有了勇气做先锋，我们才会不

惧困难，我们的事业才会蒸蒸日上！一个人缺少了勇气，就像失去了脊柱，永远无法直挺地走在人生的路上，即使命运女神真的看到了他，也只会悄悄过去，而绝不会眷顾于他！

有一个牧师邀请了五个朋友到一个房间，屋里非常黑，只看到一个小小的木桥。牧师让他们走过去，再回来。五个人一个个飞快地过去了。牧师打开屋里的灯，五个朋友吓了一跳，桥下有好几条鲨鱼。再一次让他们过桥的时候，这五个朋友都非常害怕。不过其中两个人还是过去了。这时候牧师把屋里所有的灯都打开，他们发现原来桥下是有铁丝网的。于是，又有一个人过去了。剩下的两个朋友站在那儿，迟迟不肯过去。牧师问他们缘由，那两个人说，怕铁丝网不牢固，万一掉下去呢！

林肯，大家都不陌生，法国记者马维尔曾对他进行短暂的采访。

当时是1864年，美国的南北战争刚刚结束，其访问正好是在林肯去帕特森的途中。

马维尔问道："据我所知，上两届总统都想过废除黑奴制度，《解放黑奴宣言》也早在他们那个时期就已草就，可

是他们都没拿起笔签署它。请问总统先生，他们是不是想把这一伟业留下来，给您去成就英名？"

林肯听后微微一笑，不紧不慢地回答道："可能有这个意思吧。不过，如果他们知道拿起笔需要的仅是一点勇气，我想他们一定非常懊丧。"

马维尔还没来得及继续问，林肯的马车就已经出发了。可是，马维尔一直都没弄明白林肯这句话的含意。直到林肯去世50年后的一天，马维尔才找到了答案——从林肯致朋友的一封信中。林肯在信中谈到这样一件事情：

"我父亲在西雅图有一处农场，上面有许多石头。正因如此，父亲才得以以较低的价格买下。有一天，母亲建议把上面的石头搬走。父亲说，如果可以搬，主人就不会卖给我们了，它们是一座座小山头，都与大山连着。有一年，父亲去城里买马，母亲带我们在农场里劳动。母亲说，让我们把这些碍事的东西搬走好吗？于是我们开始挖那一块块石头。没过多久，就把它们给弄走了，因为它们并不是父亲想象的山头，而是一块块孤零零的石块，只要往下挖一英尺，就可

以把它们晃动。"

在信的末尾，林肯说道："有些事情一些人之所以不去做，只是他们认为不可能。其实，有许多不可能，只存在于人的想象之中。"

没错！生活中，很多事情并非真的那样困难，对你来说，它之所以困难，是因为你把它看得太困难了！很多时候，只要你鼓起勇气，迈出眼前的那一步你会发现，没有什么能真正把我们打倒。就像Marie Curie所说的那样："生活中没有可怕的东西，只有应去了解的东西。"从这个角度来说，勇气就是我们成功的那块敲门砖，只要你无所畏惧，鼓起勇气去敲门，那么，你会发现没什么困难的，而且重要的是，你已经走在了成功的道路上！

在马维尔读到林肯的那封信的时候，他当时已经是76岁的白发苍苍的老人。然而就是在那一年，马维尔下定决心学习汉语。1917年，也就是在他决心学习汉语的3年以后，他在广州采访孙中山，当时是以流利的汉语与孙中山对话的。

人生，有时候需要的就是勇气，有了勇气做底，便什么都不再怕了，人生的路也越来越宽。正像洛克曾经说过："人生的磨难是很多的，所以我们不可对于每一件轻微的伤

害都过于敏感。在生活磨难面前，精神上的坚强和无动于衷是我们抵抗罪恶和人生意外的最好武器。"

勇气引领人生！一个丧失了勇气的人无异于丧失了一切。英国有句谚语说得好："失去勇气的人，生命已死了一半。"歌德也曾经说过："你失去了财产——你只失去了一点；你失去了荣誉——你失去了许多；你失去了勇气——你就把一切都失掉了！"可见勇气在人的一生中对人成长、成功的重要。

成功需要勇气！让我们听听席巴·史密斯的至理名言："许多天才因缺乏勇气而在这世界消失。每天，默默无闻的人们被送入坟墓，他们由于胆怯，从未尝试着努力过；他们若能接受诱导起步，就很有可能功成名就。"

人生需要勇气！让我们听听洛克的建议："一个理性的动物，就应该有充分的果断和勇气，凡是自己应做的事，不应因里面有危险就退缩；当他遇到突发的或可怖的事情，也不应因恐怖而心里慌张，身体发抖，以致不能行动，或者跑开来去躲避。"

勇气超于一切！让我们看看莫泊桑的人生感言："世界是归强有力者管辖的，应当做强有力者，应当超于一切之上。"

别再犹豫，做一个有勇之人吧！人生就是需要勇气！

拥有勇气就不会恐惧

　　生活中形形色色的问题总是不停地困扰着我们，侵扰着我们的心灵，使得我们想要摆脱却无从插手！这些一直困扰我们心灵的最隐秘的东西便是我们每个人内心的恐惧！

　　恐惧是每个人生命的一部分，它总是变换不同的方式出现在我们的前面，从我们出生，直到我们生命的结束。我们无法逃离恐惧，但是我们却可以控制它，战胜它，做回自己心灵的主人，重新获得心灵的宁静。

　　恐惧源于内心的一种不安全感。人们骨子里总是追求一种安全感，电影《2012》播放以后，生活中出现了一大批恐

惧2012的人。他们战战兢兢，似乎电影中2012年"全球温度升高，火山爆发，大面积地震、海啸，地球毁灭，人类濒临灭绝"的境况真的会发生一样。各种论坛、QQ群中，关于地震、战争、奇怪气象的消息铺天盖地。

众慧整合艺术自疗中心首席导师黄家良说："这归根结底缘于一种不安全感。有些人潜意识里有'我怕，我需要更多人陪我怕'的思想，来寻求一种平衡感；另外一种人在大量人跟帖回应后得到满足，认为'不这样做不会被人认可'，因为此人内心的背后也存有不安全感。"

不安全感可以追溯到一个人的幼年时期。在孩子幼年时期，如果父母过分粗暴、严厉的管制，或是家庭关系不合，缺乏爱，都可能会导致孩子不安全感的产生。有的父母常常在孩子不听话时，恐吓孩子："再不听话，就不要你了，把你扔了。"弗洛伊德曾经说过：一个从小充分享受过母爱的人一辈子都会自信满满。反之，如果一个没有母爱或者是缺乏母爱的人在他的一生中都常常会伴有不安全感的存在。在遇到外界的刺激时，这些人往往更加容易引发不安全感。

不安全感也跟一个社会的社会环境和社会体制密切相

关，比如有的人失业了，职位不保，生活没有来源，没有社会保障。这种社会制度下，人们就会缺乏安全感。在一个体制等各方面非常健全的国家，人们内心的这种不安全感相对就会低一些。

　　恐惧的另一个根源就是缺乏信心。这样的人总是不相信自己，不相信生活，不相信自己能够取得很好的成绩，不相信自己能够过上很好的生活。怀疑自己是否能够被上帝很好的关照，怀疑自己是否值得被关怀。他们总是试图抓住生活中的一切，害怕失去一些东西以后自己再也无法生活下去了，怀疑自己是否能够找到所失去的东西的替代品，恐惧自己再也无法变得完整。他们觉得当所有东西都在自己的掌控之内，这样才觉得可靠、踏实。然而，我们知道，这是不可能的。

　　恐惧是一种天生的人类情感，它具有很强的两面性。在某些情境下，恐惧能够保护我们，使我们免受伤害。比如当你走在高山上时，恐惧让你远离悬崖；在遇到不良陌生人的靠近时，恐惧会让你保持警惕。所以，请认识你的恐惧，接纳你的恐惧！感谢它，感谢它帮你脱离危险！

　　我认为在一个人没有完全认识恐惧、接纳恐惧之前，任

何人都没有资格称为拥有勇气，除非他对自己所做的事情有充分的认识或者有较为全面的设想。

在徐鹤宁老师的课堂上，一位朋友告诉我，虽然在他的人生历程中，他已经取得了在别人看来相当不错的成绩，但他却认为他最大的勇气不在于他做了什么事，而在于他能够在舞台上说出自己的心里话，他在困难面前比别人表现出了更大的勇气。他说："对于我来说，对勇气最好的定义就是对本应该引起恐惧的东西有一个正确的看法，而并非无所畏惧，一味大胆。"

有些事情当然值得我们去畏惧，但是，对这些事情有一个正确看法才是关键所在。这种看法可能使我们摆脱无谓的恐惧，帮助我们清醒地面对应该引起我们畏惧的事情。也有一些人，尽管表面上只做一些能让别人称为勇敢的琐事，但是，当机遇出现的时候，潜藏在内心里的恐惧就会表露出来。我们在柔软的手套下发现了铁腕，我们没有错看它。真正的勇气，是冷静、沉着和镇定，不是有勇无谋、争强好胜、脾气暴躁或好辩喜讼。

这才是真正的勇气——对那些真正的、值得我们恐惧的危险有一个正确的态度评价。

勇敢地亮出你自己

我们已经知道了宇宙的创造力能够为我们所用，现在唯一要做的就是提供一个使它发挥作用的模具，而这个模具则是由我们自己的思想来建造的。

英国评论家亚瑟·西蒙斯曾说："只要我们能够选择自己的命运，把握自己的命运，那么一切梦想都会成真。只要我们的精力充沛、坚持不懈，我们就能得到一切想要的东西。只有少数人能成功，就是因为只有少数人有一个伟大的梦想，并为之而坚持不懈地奋斗。但我们看到的是，即使有

些人只是为了钱财和物质，但他们不分昼夜地工作，所以他们能够获得成功。而那些成天做白日梦的人，永远也不会梦想成真。"

当你了解了这点后，你还会限制自己的思想和创造力吗？诚然，人都会在某些时候感到自卑，但你必须提醒自己：你不是普通人，你也能成为成功人士中的一员。

有个人要穿过一片茫茫的沼泽地，因为不知道哪里是安全的路，于是只能试探着走。虽然危险性很大，一不小心就有可能陷入沼泽，但是只要注意，就有希望走出沼泽。于是这个人左跨右跳，竟也能找出一段路来，可好景不长，未走多远，不小心一脚踏进烂泥里，沉了下去。

不久，又有一个人要穿过这片沼泽地，他看到在茫茫的沼泽地上有一串密密麻麻的脚印，便想：前不久，一定有人从这里走过，那么我如果沿着这串脚印走就一不会有错。于是，他便踩着那串脚印试着走起来，果然实实在在，于是他便放心一直走下去。可是，好景不长，没走多久，他也因为最后一脚踏空而沉入了烂泥。

之后，又有一个人来到这片沼泽地前，他看着前面两人

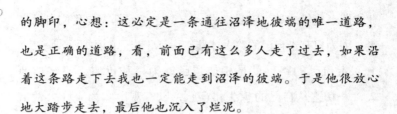

的脚印，心想：这必定是一条通往沼泽地彼端的唯一道路，也是正确的道路，看，前面已有这么多人走了过去，如果沿着这条路走下去我也一定能走到沼泽的彼端。于是他很放心地大踏步走去，最后他也沉入了烂泥。

漫漫人生路究竟该怎么走？是追随着别人的脚步，还是坚定地走自己的路？

当今的世界，成功之路不计其数，生活方式也各不相同，于是，我们便在滚滚红尘中越来越觉得迷失自我，找不到一条属于自己的路，无法坚定地走好自己的人生路。

世界上有数不清的路，人生也一样，在走路的时候，如果沿着别人的路走下去，也许平坦，但是却永远也走不出新意，无法找到属于自己的成功。只有走自己的路才可能有创意，成功的可能性才更大。

走自己的路，也许会遭遇他人不解的目光，会遭遇种种流言蜚语，会遇到这样那样的坎坷和挫折，但是只要我们坚信心中的理想，勇敢地向着心中的目标奋进，不怕困难，总有一天，我们会看到独特的风景，成就一份独特的辉煌！这时你无须标新立异，却已与众不同。即使平凡，也决不平庸。

自己的人生路需要自己来走。无论是生活之路，还是事

业之路、爱情之路、亲情之路、友谊之路，都需要我们自己来走，因为只有走自己的路，才能走出属于自己的成功天地。

走自己的路，就是相信自己的力量和价值，不轻信他人，一切遵从自己的想法和意愿，以客观事实为原则去做事（当然要在正确的前提下）。如果我们无法相信自己，就不会有自己的想法，也就会一切服从别人，从而成为别人思想的奴隶。

走自己的路，我们无须在意他人的种种评论，无须在意他人的指指点点，面对是是非非而不动摇心中的理想，不轻信别人的流言蜚语，想别人不敢想，做别人不敢做，不管面对什么境遇都坚信自己的信心和勇气。

但是，走自己的路并不代表我行我素，傲视一切。在人生的道路上，我们也应该适当地接受别人的一些正确意见，同时用自身良好的人格魅力打动人心，开拓良好的人际关系，掌控更多的人际资源。

路有平坦就会有坎坷，活着就会碰到各种各样的艰难和曲折，与其逃避困难，不如迎难而上，前进的路上我们可能经常跌倒，其实这没什么可怕的，只要我们能拍拍身上的灰尘，还可以接着上路，怕就怕跌倒后没有勇气再站起来。

　　走自己的路，就是始终朝着坚定的目标奋进，永不退缩，有自信、有勇气与一切艰难斗争，有着永不放弃的劲头，穿越重重障碍，走向成功，走向巅峰。

　　如今的社会，人才济济，竞争激烈，活着有太多的艰辛和烦恼，有时候，我们想要按照自己的想法办事，而"平庸至上"的社会往往给我们加了一道无形的墙，使我们没有勇气走自己的路。

　　比如，在公司里，我们希望充分展示自己的才华，以求得更高的发展。然而，"木秀于林，风必摧之"，在一个团体内，谁做的更出色，更优秀，往往就会招致其他人的嫉妒乃至"背叛"，会遭遇被孤立甚至严厉惩罚的厄运，此时，我们往往会感到迷惘：走自己的路究竟是对还是错？

　　一个人要如何在这纷繁芜杂的世界里保持自我的本色，活出自我的风采，走出一条属于自己的路，开创一个属于自己的事业和未来，真的是当下每一个人都应认真思索的问题。

　　希望本书可以给时下每一个行走在奋斗之路上的年轻人以启迪以鼓舞！

　　其中，我尽力引用一些比较典型、新颖的案例，他们每个人都具有独特的个性，从他们身上我们可以感受到生命

所赋予的更高意义。之所以选择他们，只是希望读者可以领悟到我在创作此书时也在走自己的路，而不是与他人的简单雷同，好像只有这样才能对得起这本书的名字，也能道出这本书的灵魂所在。在书中，我加入了现代生活中出现的一些典型事例和我自身成长奋斗的经历，只希望您能从此书中找到答案，也希望您能够从中获得更多的人生感悟：走自己的路——相信自己，征服别人，迈向成功。

扔掉心中的锁链

　　一个人要面对真实的自己，就必须学会将心中的锁链扔掉，因为锁链会在束缚我们行动的同时，也束缚我们的意识。这样，就会在无形之中遮盖我们对自己潜能的认识，压抑潜意识所能发挥的积极作用。事实上，我们每个人都有成为天使的可能，也有成为魔鬼的可能，如果不能面对真实的自我，不能很好地发挥潜能，就会浪费自己的才华。

　　潜意识也许可以被比作是一块磁铁，当它被赋予功用，在与任何明确目标发生联系之后，它就会吸引住达成这项目标所必备的条件，创造出很大的价值。

　　杨家辉和其妻子赵佳的发家致富就是源于一次精彩的策划。在杨家辉看来，一个好的策划价值千金，价值连城。

　　1988年后期，正是中国的IT产业生根发芽时期。杨家辉当时在一家国有企业里做销售员，妻子赵佳则是一名电影演员。在1982年，当改革的春风席卷中国神州大地时，杨家辉还是一名军人，在服兵役期间，杨家辉就感受到了现在他所处的年代已经不再是驰骋疆场的时代了，而是一个敢于在商海搏击的时代。由于他认识到了这一点，每当他一有时间，他就开始进行皮革产品的研究。正是杨家辉的这一爱好，使他做梦都没有想到，这却是改变他一生的奇迹。

　　1986年，杨家辉退伍了，不久，他就与赵佳结婚，过上了两人世界的幸福生活。在一天晚上，赵佳的一位朋友到他们家做客。茶余饭后，大家都非常兴奋，于是谈了许多的事情，其中也涉及生活中的个人用品。当他们聊到穿着时，朋友的妻子得意地向他们展示了新买的手提包说："这是我花100元人民币在秀水街买的。"杨家辉听完后，就顺手把那只手提包拿了过来，翻来覆去地看了几遍后对她说："你买得

太不值了，像这种皮包我也能做，而且成本只在12元左右，如果把它拿到市场上去卖，最多也就值20元。如果你不信，我今天晚上就可以给你做，而且与你现在的这个皮包一模一样。"

当天晚上，在朋友走了之后，杨家辉为了证明自己不是吹牛，马上出去购买了一套工具和制包材料。一回到家，便立刻跪在地上开始剪裁、缝制，经过两三个小时的劳作，他的皮包做完了。而且他制作的皮包手工精制，就连其妻赵佳看着都爱不释手。

杨家辉看到妻子高兴，自己也很高兴。在高兴之余，他脑中突然灵光一闪，想到既然自己具备皮革加工的技术，又有推销经验，赵佳在演艺界又有许多熟人，自己何不朝皮革制造业发展呢！

于是他把自己的想法告诉妻子赵佳，赵佳也觉得这个想法非常好，于是二人就开始付诸行动，一个创业旅程开始了。

刚开始时，他们在自己居住的小区里租了一个地下车库作为生产车间。尽管当时是夏天，车库非常闷热，但他们也好像没有感觉到。在工作分配上，由于赵佳生活追求时尚，

所以皮包的样式由赵佳来设计，杨家辉则负责制作，二人都沉浸在创业的兴奋之中。

但他们在兴奋之余，都感觉到还有一个最大的问题还未解决，那就是该如何把产品销售出去，让顾客拿到订单，若无订单，再好的生意也会变成泡影的。

当他们认识到这一点之后，杨家辉又把自己的时间重新做了分配。他白天将样品夹在腋下，不辞劳苦地在北京的各个批发市场进行推销，但由于他们年轻，名气又不大，更重要的是还没有生产许可证，所以他们不断地遭受拒绝。晚上，他则加班加点地忙于制作皮包。在白天的推销过程中，杨家辉遭受了拒绝，但他并不气馁，他一边着手办理各种有利于推销的证件，一边不断替自己打气，鼓励自己寻找机会。终于，他遇见了北京著名的服装大王"皮杰"的供应商，这位供应商一看到杨家辉带来的样品就十分喜欢，他表示杨家辉能做多少，他就购买多少。

从此以后，杨家辉在那闷热的地下车库里，每晚都是灯火通明。他们夫妻俩为了应付订单，夜以继日地工作着，

皮革与工具散得满地都是，他们的几个孩子也开始不回家睡觉，也是整日整夜地陪伴着他们。此时，他们真正地认识到，他们的地下车库已经变成了家。在创业的日子里，虽然日子过得十分辛苦，夫妇俩不仅要照顾孩子，还要维护公司的生产，异常劳累，但他们还是感到非常幸福。

直到现在，尽管他们已经有了豪华的办公大楼，但他们还是花巨资购买下了创业时的地下车库。杨家辉说："每当我在遭受打击时，我都会回到这里，只要我一站在这里，一股无形的力量就会涌遍全身，我就会鼓足勇气去面对更大的挑战。在我看来，哪怕是最难的挑战，也没有在地下车库创业的日子难。"

时间飞快地流逝，在地下车库里，杨家辉和妻子赵佳一住就是六七个月，他们的业务也以跳跃式的速度发展。不久，他们的业务就遍及全国各地了。之后，杨家辉租下了车库旁边的一层楼作为办公地点，开始招兵买马。而他和妻子二人则继续留在地下车库里努力工作。后来，赵佳又设计出一种小孩用的沙袋型手提袋，她的创意被送到一家杂志编辑

部。其中一位编辑对她的创意非常感兴趣，并且还以此为主题写了一篇专题报道，也附带介绍了一下杨家辉和赵佳的奋斗史。就是因为这篇文章，他们一夜之间声名大噪，产品在极短的时间内便卖出了1000万个。

由于产品畅销，杨家辉夫妇的财富不断地成直线上升，五年之后，他们就成了事业有成的世界名人，而此时，他们只有35岁。

就这样，杨家辉凭借着在服役期所获得的某种创意，然后在退伍之后把这个创意付诸行动，终于成就了他一生的梦想。

认识自己

　　在希腊帕尔纳索斯山的戴尔波伊神托所的石柱上刻着一句话，翻译成汉语就是"认识你自己"。这句话当时是家喻户晓的一句民间格言，是希腊人民的智慧结晶，由于这样的一句话成就了许多伟大的人物，所以他们把这句话刻在了石柱上。由此我们可以看出，认识自己对于前人或者当今的我们来说都有着同样的重要意义，它时刻提醒着我们把握自我、设计自我、实现自我。

　　"认识自己"对于任何人来说都是很重要的，它不仅是一种对自我的认识或者自我意识的能力，还是一种可贵的心

理品质。自我认识或自我意识，从字面来看，我们可以理解为对周围事物的关系以及对自己行为各方面的意识或认识，它包括自我观察、自我评价、自我体验、自我控制等形式。

从现实生活当中，我们可以清楚地认识到，一个人如何看待自己是与自身的自信心强弱有关的，自信心强的人能较好地看到自己的潜力，而自卑的人则会对自己有所贬低。我个人就有过这样的感觉，当我感觉我某天、某时心情不好的时候，那么，我那一天是不快乐的，但是，当我换另一种心态来证实我是快乐时，那么我的心情就会非常地好了。是啊，很多时候如果觉得自己是个乐观向上的人，就会表现得乐观向上；如果认为自己是个内向而迟钝的人，那很可能就会表现得内向迟钝。这些现象告诉我们的是，只要我们充分地相信自己，那么一切都可以改变。

认识自己，看清自己的优点与缺点，不要过高吹捧自己，当你把自己的能力过于高估时，很容易遭受挫折。我的朋友对我说过一段话："当你一切都顺利，平步青云时，你更应该时常警戒自己保持头脑的清醒，因为那是一个人最能滋生骄傲情绪，走向极端的时候，所以，成功时不能目中无人，目空一切。"

是啊，当我们成功时，要像刚起步时那样看待朋友，看待生活，要一如既往地勤奋忠实。不要在取得一点成绩以后就认不清自己，把自己和原来的"我"分开，同时也把自己和朋友、亲人分开，使自己游离于社会之外。如果你不慎掉入了那种骄傲的状态时，那你已经远离世界、远离亲人了，在很多人的眼中，你已经是一个格格不入，甚至是一个另类人物了。

我的朋友张诚是一个很好的例子，他没成功之前，我们时常聚在一起，但他成功之后，很快就变了，和朋友的距离越来越远，而且骄傲的情绪慢慢地聚在了他的身上，好景不长，一年多后，他失败了。但是，一段时间后，他清楚地认识了自己，所以现在他已经再一次地站了起来，但是那些骄傲的情绪和不良的心态已经远离他了，我们也再一次找到了几年前的他。

是啊，有许多成功的企业家之所以先成功后失败，就是因为没能很好地认识到自己，没能把现在的自己和原来的自己联系起来。这种现象是很容易出现的，当你成功的时候你周围的人对你的吹捧会使你骄傲自大，但是那些经受过挫折和明智的人永远是以自己心中的自我为基准，绝不在乎别人

的吹捧，所以他们能长久地发展下去。

　　认识自己，不管是在逆境中还是顺境中都很重要。现实生活中，我们不管是在怎样的环境里都一样会迷乱方向，是逆境中还是顺境中都没有任何区别。当我们面对困难和挫折时，大部分人能够认识到自身的能力和优势，正是这样，所以他们能分析清楚失败的原因，再经过认真的思考，最后坚定信心，就地爬起再创辉煌。另外一部分人，他们面对挫折和困难时，由于没有清楚地认识自己，所以他们总是怀疑自己，认为自己没有能力，最终等待他们的将是难成大志。

　　那么，我们怎样才能真正的认识自己呢？这是想认识自己的人所关心的问题。事实上，认识自己可以通过两个方面来实现。第一种是通过自己来认识自己，首先我们要对自身有一个基本的认识。自己的性格是内向还是外向；在交际方面自己是否有一定的能力；对待工作方面自己是否踏实、耐心和毅力并存，而且这些方面如何；在工作中，自己的创新能力强不强，甚至有必要对自己的星座、血型都有一个基本的认识，然后在对这些做一个全新的定位，同时再选择一个比较能发挥自己优势的工作。

　　认识自己的第二种方法是通过别人来认识自己。通过别人来认识自己是一种重要的途径，因为通过与别人聊天，能更好地展现出一个人究竟有何种性格、何种能力等各方面的特征。一些心理学家曾经提出这样的一个理论，说通过在镜片中观察自己行为的反应而形成自我认识、自我评价。这种理论被他们称之为"镜中之我"理论。

正确的认识自己并不是一件很容易达到的事情。人们往往为了认清自己付出许多的努力和艰辛，但是，这些努力和艰辛都是值得的。我们为了达到比较客观地认识自己的目的，还需要把别人对自身的评价与自己对自己的评价进行对比，在实际生活中反复衡量。

不能清楚地认识自己，对自己的能力性格做出一个合理的定位，我们就很容易造成一些损失或走向失败，每个人对自己还是要有一个基本的认识，这是必需的，只能对自己有了一定的认识，我们才能比较客观地看待自己的能力、性格。

敢于梦想

善于梦想的人，无论怎样的贫苦，怎样的不幸，他们总是相信较好的日子终会到来。

美国历史上充满了传奇式企业家的故事，他们不盲从权威，富于冒险精神，敢于为实现自己的梦想而奋斗。除大名鼎鼎的汤姆·爱迪生和比尔·盖茨以外，还有成百上千名不见经传者，他们凭远见和毅力取得了成功。下面就是两则这样的故事：

1989年的一个夏夜，45岁的斯科特·麦格雷戈还在加州胡桃湾市自己的家里敲打电脑，他从屏幕前抬起疲劳的双

眼，瞧见厨房那边妻子黛安娜和十几岁的双生子克里斯和特拉维斯正凑硬币去买牛奶。

这位父亲顿生负罪感，他走进厨房，说："不能再这样下去了，我明天就出去找工作！""不能半途而废，爸爸。"特拉维斯反对。克里斯补充："你就要成功了！"

两年前，麦格雷戈放弃了有保障的顾问职位去谋求实现本人的一个梦想：他原效力的公司是在机场和饭店向出差的企业人员出租折叠式移动电话的，但这种电话不能提供有详细记载的计费单，而没有这种账单，一些公司就不给雇员报销电话费：现在急需在电话内装一种电脑微电路，以便记录每次通话的地址、时间和费用。

麦格雷戈知道自己的设想一定行得通，在家人的大力支持下，他开始物色投资者并着手试验，但这项雄心勃勃的冒险进行起来并不顺利。

1990年3月的一个星期五，全家几乎面临绝境，一位法庭人员找上门，通知他们如果下星期一还交不上房租，他们就只有去蹲大街了。麦格雷戈在绝望之中把整个周末都用来联

系投资者。功夫不负有心人，星期天晚上11点，终于有人许诺送一张支票来，麦格雷戈用这笔钱付了账单，并雇用了一名顾问工程师，但是忙碌了几个月，工程师说麦格雷戈设想的这种装置简直是不可能！

到了1991年5月，家庭经济状况重新陷入困境，麦格雷戈只好打电话给贝索斯——一家著名的电讯公司。一位高级主管在电话中问了他："你能在6月24日前拿出样品吗？"麦格雷戈脑中不由想起了工程师的话和工作台上试验失败后扔得到处都是的工具，他强迫自己镇定下来，用尽量自信的声音说："肯定行！"他马上给大儿子格里格打去电话——他正在大学读电脑专业，告诉他自己所面临的严峻挑战。

格里格开始通宵达旦地为父亲设计曾使许多专家都束手无策的自动化电路，在父子二人共同努力下，样品终于设计出来了。6月23日，麦格雷戈和格里格带着他们的样品乘飞机到亚特兰大接受检验，一举获得成功。现在，麦格雷戈的特列麦克电话公司，已是家资产达数亿美元，在本行业居领先地位的企业。正是不轻易动摇的信心让麦格雷斯走向了成功，成功从自信开始，建立起强大的自信，并自强不息、奋斗不止、勤奋不辍，你终会超过别人，战胜别人，成就自己。

如果不是拥有自信与梦想，麦格雷戈不会坚持到最后。

只有相信自己并为之努力，才会摆脱困境，过上好日子。

当机立断

　　作为一个成功者，需要具备的素质很多，但是魄力是其中一个必不可少的条件。思虑周全自然是件好事，但正如人们所说的，过度理智就成了怯懦。当信息充足、时间充裕之时，我们用很多的时间，可以从容不迫地来让自己进行分析，研究战略战术。但如果是在信息不是很充分，时间很仓促，机会转瞬即逝的情况下，就需要我们有一种当机立断的勇气了。

　　提到"三国"，我们自然而然就会想到诸葛亮，他已成为智慧的化身。舌战群儒、巧借东风、火烧赤壁，他的智慧

让后人敬仰不已。但是，如此有智慧之人也有失策的时候。229年，诸葛亮兴兵攻魏，令马谡为前锋，与魏军于街亭对垒。但马谡违背了诸葛亮的部署，最后失了街亭，使诸葛亮陷入被动之中，只好退兵汉中。史书上也就多了一段"孔明挥泪斩马谡"的情节。

马谡大意失街亭，自然让诸葛亮很恼火。此时，司马懿又率军在其后穷追不舍。在这种危急情况下，诸葛亮仍然保持着冷静的头脑。他明白以自己此时的实力，迎战司马懿无异以卵击石，毫无取胜的希望。若仓皇逃跑，定会引来司马懿的追杀，弄不好还会被擒。在此情况下，诸葛亮通过一番仔细地思考，迅速做出了军事部署：关兴、张苞各引精兵三千，急投武功山，并鼓噪呐喊，虚张声势；又令张翼引兵修剑阁，以备退路；马岱、姜维断后，伏于山谷间，以防不测。这时，城中已无兵马，而司马懿的大军又即将到来，诸葛亮只好铤而走险，令军士将所有的军旗隐匿，诸军各守商铺。再将城门大开，每一城门用二十军士，脱去军装，扮成平民百姓，手持工具，清扫街道。其他行人则自由出入，没

有一丝紧张的表现。之后，自己身披鹤氅，头戴华阳巾，手拿羽扇，引二小童，于城楼之上抚琴，神态自若、安然自得。司马懿的前锋军队到来，但见城内没有丝毫动静，只有诸葛亮一人于城头之上抚琴，顿时丈二和尚摸不着头脑，不敢贸然前进。迅速回报司马懿，司马懿不信，令三军原地休息，自己飞马而来，果见诸葛亮独坐城头之上，焚香操琴，悠闲自在，丝毫没有恐惧和惊慌。司马懿以为其中必定有诈，于是引三军退去。诸葛亮便使用空城计解救了自己和全城军民。

"空城计"是《三国演义》中最精彩的片段，任何人看到这儿也不得不拍案叫绝，为诸葛军师的智慧，更为他的勇气，当然还有他的魄力和胆量。也只有诸葛亮才会有这样的惊人之举，不用一兵一卒便退了司马懿的大军。

我们从诸葛亮身上学到的，不仅仅是他的那种智慧，还有他的那种当机立断的魄力。如果不是如此，他又如何能摆脱司马懿的纠缠，将自己从不利环境中解救出来？这就是成大事者所必备的一种素质。因为机会稍纵即逝，你在那里犹疑不决，只有让自己贻误时机，最后就算后悔也来不及了。

当然，当机立断并非一种鲁莽，他是在经过充分地判断之后才作出的一种选择。当然，当机立断也包含着很大的风险性，如果失败了就可能意味着一无所有。而此时的情况也十分紧急，由不得我们用太多的时间去搜集信息、分析情况。这时，往往就需要我们冒一下险。

一个人只有学会当机立断，才能谋大事，也才能成大事。任何事都是带有一定的风险性的，如果你希望什么事都万无一失，那么最好的办法就是不做事。所以，让自己养成当机立断的性格，牢牢抓住时机，你才可以有所成就。

你是独一无二的

李开复在《做最好的自己》一书中讲述了这样一个故事：一个女子叫黄美廉，由于小时候换上了脑性麻痹症，因此身体上造成了某些缺陷，手足经常乱动，眯着眼睛，张着嘴，语言模糊不清，样子十分怪异。但是，她没有被自身的缺陷打垮，而是凭着常人难有的意志，坚持学习，并考上了美国著名的加州大学，最后获得了博士学位。黄美廉的事迹，激励并感动了许多美国人。一次，她受邀到某地演讲。当时，一个不谙世故的中学生竟然问道："黄博士，你从小就长成这个样子，请问你怎么看自己？"当时的会场立刻出

现了骚动。人们责怪这位中学生的不敬，但没有想到黄美廉却坦然地在黑板上写道："一、我好可爱；二、我的腿很长很美……"正是因为她"只看我所拥有的，而不看我所没有的"，因此，才能接受自己，并取得令人美慕的成绩。

　　每个人都有不足，对于这些我们自然应当尽自己最大的努力去弥补。这时，缺点和缺陷就成为我们完善自我的一种能力。如果你只把目光集中在自己"所没有的"而不去改善、争取的话，它就会成为我们前进途中的一种障碍。或许，就算经过我们的努力，也没有办法改变某些事实，此时，就要学会坦然面对，就像黄美廉博士那样，没有办法改变先天的一些缺陷，但可以改变自己的心态。如果你让自己陷入自卑之中，那么就没有办法挽救自己的。

　　在NBA的夏洛特黄蜂队里，有一个非常了不起的人物——博格士，正是由于他的存在，使得很多人都喜欢看夏洛特黄蜂队打球。

　　据相关资料说，在现在的NBA里，博格士是最矮的球员，也是NBA有史以来破纪录的矮子，他的身高只有1.6米。但这个矮子可不简单，他是NBA表现最杰出、失误最少的后

卫之一，不仅控球一流，远投精准，甚至面对高个队员带球上篮时也毫无畏惧。但是，不管他如何出众，人们还是忘记不了他是NBA有史以来身高最低的球员。

每次看博格士满场飞奔，像一只小黄蜂一样灵敏，他的球迷们都会在心里忍不住赞叹。他们对他的肯定，不仅安慰了天下身材矮小却酷爱篮球者的心灵，同时也鼓舞了其他众多相貌平平的人士。

博格士是如何成功的呢？难道他是一个天生的好球手？当然不是，他所取得的一切，都是他顽强努力和勤奋苦练的结果。

身材矮小的博格士从小就非常热爱篮球，他每天都和同伴在篮球场上打球。在没有进入NBA之前，他就梦想有一天可以去打NBA，因为NBA的球员不但待遇奇高，而且也享有很高的社会地位，是所有爱打篮球的美国少年最向往的梦。

但是，博格士的梦却遭受了很多打击，每次当博格士告诉他的同伴说："我长大后要去打NBA。"所有听到他的话的人都忍不住哈哈大笑，他们觉得这简直比发现外星人还令他们奇

怪。因为他们认定一个1.6米的矮子是绝不可能进NBA的。

　　但是，同伴们的嘲笑并没有阻断博格士的志向，他坚信自己的身高不会影响打篮球的成功，他更不相信他就是上帝创作的劣质品，他认为自己应该是个天才。如果自己能够用比一般高个子多几倍的时间练球，终究会成为全能的篮球运动员，也会成为最佳的控球后卫。就这样，经过他的勤奋苦练，他最终成为了出色的球员。在球场上，他充分利用自己矮小的优势——行动灵活迅速，像一颗子弹一样；运球的重心最低，失误也最少；个子小不引人注意，抄球常常得手。

　　由此可以看出，在人生的舞台上，每个人都有自己的价值，关键在于你如何去挖掘它，关键在于你是否发现了自己的价值，你是否肯定自己的价值。

　　一个人，只有从内心接受自己，那么他的行动才会积极，态度才会乐观。有时候，我们可能会感到失落，那是一种正常情绪，但是千万不要将其发展为自卑，好多人之所以会自暴自弃就是因为他们心里有很深的自卑感。当然，世界上没有完美的事物，我们每个人身上多多少少总会有些缺点，而这也就成了导致我们自卑的原因。自卑是一种内心的

感觉，原因往往是我们对自己的轻视。我们的周围到处都有这样的人，其实只要你不小看自己，是没有人会小看你的。因此，不要让自己再生活在自卑中，要知道人无完人，每个人身上都有缺点，正是这些缺点让我们能不断地改变自己，生命才变得有意义。

人生最大的难题莫过于肯定你自己的价值。许多人谈论某位企业家、某位世界冠军、某位电影明星时，总是赞不绝口，可是一联系到自己，便一声长叹："我不是成材的料!"他们认为自己没有出息，不会有出人头地的机会，理由是："生来比别人笨""没有高级文凭""缺乏可依赖的社会关系""没有好的运气"，等等。其实这些都不是最主要的，要获得成功首先必须坚信"天生我材必有用"。要知道，我们每个人都是上帝创造的独一无二的生命体，这个生命体本身就是一个奇迹，它生来就被赋予了巨大的潜能。只要我们正视自己，把握命运，善于挖掘自身的潜能，不依生命外在的东西束缚自己的命运，变不幸为财富，视缺陷为动力，不自卑，不困惑，那么我们每个人都是一个奇迹!

每天多做一点点

成功不是一步登天，而是靠一步一个脚印走出来的，是经过长年累月的行动与付出累积起来的。虽然，任何人都会有所行动，但成功者却是每天都多做一点点，多付出一点点，所以他们比别人更早成功。

每天多一些努力，从改变行为开始，进而改变自己的态度，然后，你的生活自然会得到改变。每天多做一点，才能积跬步以至千里。从现在开始，一切都不难，一切还都来得及。

每天多一些努力，"如果你只接受最好的，你经常会得到最好的"。怎么来理解这句话呢？我们先来看下面这个故

事：

有一个人经常出差，经常买不到对号入坐的车票。可是无论长途短途，无论车上多挤，他总能找到座位。他的办法其实很简单，就是耐心地一节车厢一节车厢找过去。这个办法听上去似乎并不高明，但却很管用。每次，他都做好了从第一节车厢走到最后一节车厢的准备，可是每次他都用不着走到最后就会发现空位。他说，这是因为像他这样锲而不舍找座位的乘客实在不多。经常是在他落座的车厢里尚余若干座位，而在其他车厢的过道和车厢接头处，居然人满为患。

他说，大多数乘客轻易就被一两节车厢拥挤的表面现象迷惑了，不细想在数十次停靠之中，从火车十几个车门上上下下的流动中蕴藏着不少提供座位的机遇；即使想到了，他们也没有那一份寻找的耐心。眼前一方小小立足之地很容易让大多数人满足，为了一两个座位背负着行囊挤来挤去有些人也觉得不值。他们还担心万一找不到座位，回头连个好好站着的地方也没有了。他们和生活中一些安于现状不思进取害怕失败的人，永远只能滞留在没有成功的起点上是一样的，这些不愿主动找座位的乘客大多只能在上车时最初的落

脚之处一直站到下车。

由此我们可以想到，一个人的自信、执着、富有远见、勤于实践，会让你握有一张人生之旅永远的坐票。

每天多一些努力，还要我们拥有再试一次的决心。有一句话说的就是什么东西比石头还硬，或比水还软？然而软水却穿透了硬石，坚持不懈而已。

"努力工作！"

这是几千年前罗马皇帝的临终遗言。

卡洛·道尼斯先生最初为杜兰特工作时，职务很低，现在已成为杜兰特先生的左膀右臂，担任其下属一家公司的总裁。他之所以能如此快速地升迁，秘密就在于"每天多干一点"。

他说："在为杜兰特先生工作之初，我就注意到，每天下班后，所有人都回家了，杜兰特先生仍然会留在办公室里继续工作到很晚。因此，我决定下班后也留在办公室里。没有人要求我这样做，但我认为自己应该留下来，在需要时为杜兰特先生提供一些帮助。"

"工作时杜兰特先生经常找文件、打印材料，这些工作最初都是他自己亲自来做。很快，他就发现我随时在等待他

的召唤，并且逐渐养成招呼我的习惯……"

杜兰特先生为什么会养成召唤道尼斯先生的习惯呢?因为道尼斯自动留在办公室，使杜兰特先生随时可以看到他，并且诚心诚意为他服务。这样做获得了报酬吗? 没有。但是，他获得了更多的机会，使自己赢得老板的关注，最终获得了提升。

学过马克思主义哲学的人都知道"量变"和"质变"的规律，如果每天多做一点，当积累到一定的量，就会引起质变，即会提高你的能力和水平。潜移默化会让你领略到"润物细无声"，"于无声处听惊雷"的震撼。

我认识一位博学多才的老人，他曾经是一所大学的教授，退休后便在家里养花或外出散心。

有一次，我到老人那儿去，他问我是否了解建筑的全过程。

我对那个东西一点儿都不了解，于是我告诉他："不知道。"

老人笑着对我说："如果每天花五分钟的时间阅读相关资料，一年内你就会成为建筑领域中深具权威的人。"

是啊! 每天多花五分钟并不是太大的困难，只要我们坚

持下来，带来的将是更大的回报。

"每天多做一点"的工作态度能使你最大限度挖掘自身的潜力，从而在激烈的竞争中脱颖而出。每天提前到达，就可以给一天的工作做个规划，当别人还在考虑当天该做什么的时候，你已经走在别人前面了！

有位记者采访一位大名鼎鼎的汽车业名人，当问及是什么秘诀使他这么年轻就做出这么惊人的成绩时，这位名人说："其实秘诀只有一个，那就是——每天多做一点点。"原来，这位名人刚工作的时候也和许多人一样笨手笨脚，但他不同于别人的地方就是每天多做一点点：当别人急着下班归心似箭时，他还在办公室埋头苦干；当别人为一个问题争论不休时，他已经在自己的位子上寻找方法解决这个问题；晚上回到家时，别人在玩乐，他却在细读管理图书。

想想那些成功人士，他们都给自己树立了终身学习的观念。在他们的眼中，一些看似无关的知识往往会对未来起巨大的作用，而每天多做一点，则能够给你提供这样的学习机会。

如果把所有的一点点加起来，也就是你的潜力得到发挥的结果，那么你离成功也就不远了。

我们生活当中70%的时间都是在混日子，大多数人把每天的时间都停留在吃、喝、睡、工作等方面。直到最后我们才发现，我们虚度了大半生。

每天多做一点点，不是坏事而是好事，没有谁会说你多事，如果你没有义务去做你职责之外的事，你可以自愿地去选择做，或者想办法让自己养成一个多做一点点的习惯以鞭策自己快速前进。

当然，在每天多努力一点点的过程中，我们并不是漫无目的地去做，这需要我们发挥想象，去构建自己理想的人生蓝图。此时，我们不妨闭上眼睛想想，我们在10年以后将会是什么样子。换言之，就是我们积累了多少财富，自己的生活水准达到了什么样的标准；我们与什么样的人在一起共事；我们的社会地位怎样，等等。

从点滴做起

世间没有免费的午餐，我们心中所追求的一切也都需要我们付出一定的汗水和劳动。世界上的道理就是这样简单，没有得不到回报的付出，也没有不用付出就能得到的回报。我们在公司也是一样，公司是个讲求经济效益的地方，它不可能在你没有付出的时候给你更多的回报，当然，它也不会让你的努力白费。

下面的故事，对于理解付出与回报之间的关系很有帮助：

有两个准备投胎转世的灵魂被召集到上帝的面前，上帝说："你们当中有一个人要做个只有索取的人，另一个人要

做付出的人，你们商量后自己选择吧。"

上帝的话音刚落，第一个人就抢着说："我要做索取的人。"这人想，索取也就是一生什么事也不用做，坐享其成的人生那可真不是一般的幸福。他甚至为自己的抢先一步感到无比幸运。另一个没有其他的选择，于是，他做了那个甘愿付出的人。

多年以后，人们看见了这样的结果。那位选择付出的人成了一个大富翁，他乐善好施，给予他人，成了一位有名的慈善家，备受人们尊重。而另一位则做了乞丐，他一辈子都在不停地索取。原来，上帝是这样满足他们的要求的。

我们谈到从点滴做起的时候，还要消除心中的顽石，因为心中的顽石阻碍我们去发现、去创造。

从前有一户人家的菜园里摆着一块大石头，宽度大约有40厘米，高度有10厘米。到菜园的人，不小心就会踢到那一块大石头，不是跌倒就是擦伤。

儿子问："爸爸，那块讨厌的石头，为什么不把它挖走呢？"

爸爸回答："你说那块石头吗？从你爷爷时代，就一直放到

现在了，它的体积那么大，不知道要挖到什么时候，没事无聊挖石头，不如走路小心一点，还可以训练你的反应能力。"

过了几年，这块大石头留到下一代，儿子长大了娶了媳妇，当了爸爸。

有一天媳妇气愤地说："爸爸，菜园那块大石头，我越看越不顺眼，请人搬走好了。"

爸爸回答说："算了吧！那块大石头很重，可以搬走的话在我小时候就搬走了，哪会让它留到现在啊？"

媳妇心底非常不是滋味，那块大石头不知道让她跌倒多少次了。

有一天早上，媳妇带着锄头和一桶水，将整桶水倒在大石头的四周。

十几分钟以后，媳妇用锄头把大石头四周的泥土搅松。

媳妇早有心理准备，可能要挖一天吧，谁都没想到几分钟就把石头挖起来，看看大小，这块石头没有想象的那么大，都是被那个巨大的外表蒙骗了。

由此我们可以想到很多人在公司里都在尽力回避自己分外的事情，其实这就是心中存在着一种顽石。他们认为做

好了本职工作就是完成了责任，而多付出就意味着要多承担责任，给自己多一分压力。但我们应该知道，只有有能力的人才能多做事情，才能比别人更多一点付出，这是一种对自我的肯定，是一种对自身价值的确认。能够为公司多付出的人，一般来讲，都是比别人更有承受力或具有更为突出能力的人。如果你和别人一样，你也不可能担当什么责任了。所以你该为自己能够多一点付出而感到自豪，因为你已经向别人证明，你比别人更突出，你比他们强，你更值得公司信赖。一个人能承担责任多少，证明他的价值就有多少，想证明自己的最好方式，就是能比别人做得多一点。换一个角度来理解，你会发现你的努力不是单向的，你会因此而得到更多的回报。

你能为公司付出，领导也会对你刮目相看，同时会给你更多的机会做更多的事情，且不论我们会因此而加官进爵，这对于锻炼自己的能力和提高自己的经验也是不可多得的。还有，一个能为别人付出的人，一个勇于担当的人，也会因为自己的高尚行为而感到自豪，它也是一种快乐和幸福，你会因此而不觉得自己的付出是一种压力，你会进步得更快。你会发现这是一种双向的平衡，或者我们得到的比付出的会更多。

有付出就会有回报

　　并不是每一个人都能认识到付出的精神内涵，人们需要在不断的改变中寻求到一种最佳的理解方式，需要在不断地探寻中理解付出的全部意义。许多人都会抱怨自己的付出与回报不平衡，我想，这可能就是人们把物质的东西看得太重了，而忽略了精神上的得到，甚至有人根本就没想到过这一点，所以他们才抱怨，才不愿意付出。

　　1858年，瑞典的一个富豪人家生下了一个女儿。然而不久，孩子染患了一种无法解释的瘫痪症，丧失了走路的能力。

　　一次，女孩和家人一起乘船旅行。船长的太太给孩子

讲船长有一只天堂鸟，她被这位太太的描述迷住了，极想亲自看一看这只鸟。于是保姆把孩子留在甲板上，自己去找船长。孩子耐不住性子等待，她要求船上的服务生立即带她去看天堂鸟。那服务生并不知道她的腿不能走路，而只顾带着她一道去看那只美丽的小鸟。奇迹发生了，孩子因为过度地渴望，竟忘我地拉住服务生的手，慢慢地走了起来。从此，孩子的病便痊愈了。女孩子长大后，又忘我地投入文学创作中，最后成为第一位荣获诺贝尔文学奖的女性，她就是茜尔玛·拉格萝芙。

只有从心里改变了自己对付出的理解，才会心甘情愿地付出。并认为这种付出是一种快乐，那么他才会真正体会到工作中的付出带给他的乐趣，而这正是工作的最高境界。作为公司的一名员工，因为他的付出为公司创造了更多的发展空间和机会，那么他所获得的不仅仅是物质上的回报，更多的是一种自我价值的实现。如果你能以付出为乐，那么我们有理由相信，你一定会做得更好！

付出是可以累积的，付出并不是要你做出多大的牺牲。付出有时候仅仅是心存一点留意，让自己时刻想到自己的公

司，尽可能的为公司做点自己力所能及的事情。

　　你抱着下坡的想法爬山，便无从爬上山去。如果你的世界沉闷而无望，那是因为你自己沉闷无望。改变你的世界，必先改变你自己的心态。

付出越多收获越多

阿尔伯特·哈伯德说："懂得付出，就永远有要付出；贪求索取，就永远要索取。付出得越多，收获得越多；索取得越多，收获得越少。"这是多么经典的话呀！一个人只要时常想着帮助别人，他的内心就是快乐的，因为真诚帮助别人出自无私的心，在帮助别人时并不希望得到回报。这样，他才会感到是快乐的。因为帮助别人有时候是一件非常快乐的事，付出的也许很少，但得到的却无法用金钱来衡量。生活中常常有这样的时候，你不经意地付出甚至会改变你的一生。

弗莱明是一个穷苦的苏格兰农夫。有一天，当他在田里耕作时，听到附近的泥沼里有一个孩子求助的哭声，于是他

急忙放下农具，跑到泥沼边，看到一个小男孩正在粪池里挣扎。弗莱明顾不得粪池的脏臭，把这个孩子从死亡的边缘救了出来。

过了几天，一辆崭新的马车停在农夫家门前，车里走下来一位高雅的绅士。他自我介绍是被救孩子的父亲。

"我要报答你，好心的人，你救了我孩子的生命。"绅士对农夫说。

农夫回答道："我不能因为救你的孩子而接受报酬。"

正在这时，农夫的儿子走进茅屋，绅士问："那是你的儿子吗？"

"是。"农夫很骄傲地回答。

绅士忽然有了一个好主意，他说："我们来定个协议吧，让我带走你的儿子，并让他接受良好的教育。假如这个孩子像他父亲一样，他将来一定会成为一位令你骄傲的人。"

农夫答应了。后来农夫的儿子从圣玛利亚医学院毕业，并成为举世闻名的弗莱明·亚历山大爵士，也就是盘尼西林的发明者。他在1944年受封骑士爵位，并荣获了诺贝尔奖金。

数年后，绅士的儿子染上肺炎，是谁救活他的呢？盘尼

西林。那绅士是谁呢？他就是英国上议院议员丘吉尔。他的儿子是英国政治家丘吉尔爵士。

从故事中我们看到，弗莱明因为救了别人的孩子，而使自己的孩子受到良好的教育，最终获得诺贝尔奖金。而丘吉尔，则由于帮助别人的孩子受教育，而使自己的儿子在患病时幸运地获救。

倘若你热爱你选择的公司，你就会把自己全部的精力用在工作上，充分地发挥自己的能力，当你为公司奉献了你的全部精力，当你为工作上取得的成就而欢欣，当你在他人共享你的成绩时，有形与无形的酬报就成了你的回报。无形的酬报包括个人能力的提升及你所获得的名望。另一方面，如果你仅为工资单而工作，而不肯为公司多做一点奉献，那么，你就会慢慢地轻视自己的公司，继而轻视你的工作。

凡是不被我们重视的事情，我们常常不能将它做好。从这个角度看，奉献与资产投入颇为相似，倘若你在投资上毫不用心，不肯花精力，那么，从长期来看，你的投资多半会失败。相反，若你将自己的精力、热情和才智都奉献给你的投资产业，你当然更加可能会获得成功。通往成功的路或许很远，而你每一次的无私奉献，都是在那条路上前进。